おきなわ自然さんぽ

おきなわ自然さんぽ 目次

陸の自然さんぽ

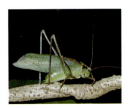

① 沖縄の季節感　公園の新芽に春の息吹　6
② 目楽しませる個性的な花々　生物の宝庫やんばる　8
③ 生き物との距離感　近づき過ぎないように　10
④ ホタルよ、なぜ光る　雄が雌にアピール　12
⑤ 羽震わせ鳴くクツワムシ　秋から続くラブコール　14
⑥ オキナワモリバッタ　食べられない自信あり？　16
⑦ 末吉公園にすむセミ　個性豊かな鳴き声　18
⑧ 夜の森はカエルの大合唱　在来の10種類が生息　20
⑨ 遺存種のクロイワトカゲモドキ　琉球列島だけに生息　22
⑩ "超能力"の持ち主－ヘビ　舌を使い、匂い集める　24
⑪ 自然を伝える決まり事　生き物はカタカナ表記　26
⑫ ハブのピット器官　温度見える第2の目　28
⑬ オキナワスズメウリ　森に増えるミニスイカ？　30
⑭ 「トトロの傘のような」クワズイモ　直射日光、葉を立てしのぐ　32
⑮ 冬はカエルの繁殖期　浅い水場に集まり産卵　34
⑯ オキナワアオガエル-1　水場見つけてメスを呼ぶ　36
⑰ オキナワアオガエル-2　水場の泡の塊は卵　38
⑱ 外来種のセンダンキササゲ　野生化し、急激に増加　40
⑲ アフリカマイマイ　沖縄一有名なカタツムリ　42
⑳ 末吉公園の捨てネコ　生物の関わりに悪影響　44
㉑ 堆積岩の一種 チャート　地面は何でできている？　46
㉒ 粟国島の凝灰岩　昔の火山活動示す証拠　48
㉓ 空の色の変化楽しむ　昼から夜へ、幻想的な時間　50

海辺の自然さんぽ

①	宝もの探しに行こう－タカラガイ	本島北部に千種超の貝	54
②	海辺に隠れるカニを探そう	歩く足、挟む足、泳ぐ足	56
③	殻のない巻貝－イソアワモチ	背中で見て お尻で呼吸	58
④	カニの赤ちゃんはプランクトン	海漂い 何度も脱皮	60
⑤	謎多いサンゴの産卵	6月大潮前後に一斉放出	62
⑥	潮だまりにすむナガウニ	ペタッと張り付く吸盤	64
⑦	恥ずかしがり屋のイボテガニ	石を背負って歩きます	66
⑧	オカヤドカリの放幼生	赤ちゃん 満月の大海原へ	68
⑨	サンゴ礁にすむ 毒持つカニ	絶対食べちゃ駄目！	70
⑩	スク（アイゴの幼魚）	旧暦を知る魚たち	72
⑪	ウミガメの産卵	太平洋を横断し、沖縄へ	74
⑫	サンゴの白化現象	原因は海水温の上昇	76
⑬	海を引っ張る太陽と月の力	海のリズム「潮汐」	78
⑭	ヒメキンチャクガニ	ポンポン持って踊ります	80
⑮	海の中で咲く花－海草の仲間	陸の植物が海へと進化	82
⑯	トゲアナエビ	巣穴周り きれいに掃除	84
⑰	ナマコの秘密	「お掃除屋」砂をきれいに	86
⑱	ヒトデヤドリエビ	イノーの楽しい"お宿"	88
⑲	ケヤリムシ	海中に鮮やかな花開く	90
⑳	フジツボの仲間たち	固い殻で身を守る	92
㉑	タツノオトシゴの仲間	海のウマは泳ぎ下手	94
㉒	スナガニの仲間	砂浜の"掃除屋さん"	96
㉓	リュウキュウアオイ	干潟のハート型を探せ！	98
㉔	干潟に暮らすシオマネキ	大きなハサミはオス	100
㉕	アーサ（ヒトエグサ）	おいしい"緑のじゅうたん"	102
㉖	ルリマダラシオマネキ	派手だけど用心深い	104
㉗	海岸を散策しよう	足元の植物、実は面白い	106
㉘	浜下り	潮の引き方変わる時期	108

掲載した生き物の仲間分け （アイウエオ順）

● 哺乳類
- ネコ：P44
- マングース：P45

● 鳥類
- キジバト：P10
- シロハラ：P11
- スズメ：P11

● 爬虫類
- アカウミガメ：P74、75
- イワサキワモンベニヘビ：P27
- ガラスヒバァ：P24、25
- クロイワトカゲモドキ：P22、23
- トカラハブ：P29
- ハブ：P26、28、29

● 両生類
- オキナワアオガエル：P36、37、38、39
- ナミエガエル：P20
- ハロウェルアマガエル：P21
- ホルストガエル：P21
- リュウキュウアカガエル：P34、35
- リュウキュウカジカガエル：P13

● 魚類
- アミアイゴ（スク）：P72、73
- イシヨウジ：P95
- クロウミウマ：P94

● 甲殻類
- イボテガニ：P66、67
- ウモレオウギガニ：P71
- オカヤドカリ：P68、69
- オキナワハクセンシオマネキ：P101
- カクレイワガニ：P61
- クロフジツボ：P92、93
- シモフリシオマネキ：P101
- スベスベマンジュウガニ：P70
- ツノメガニ：P97
- トゲアナエビ：P84、85
- ナンヨウスナガニ：P96
- ヒトデヤドリエビ：P89
- ヒメキンチャクガニ：P80、81
- ベニシオマネキ：P100
- ベニツケガニ：P56、57
- ルリマダラシオマネキ：P79、104、105

● サンゴの仲間
- ミドリイシ：P62、76

● 昆虫類
- オキナワスジボタル：P12
- オキナワマドボタル：P13
- オキナワモリバッタ：P16、17
- クマゼミ：P19
- クロイワボタル：P13
- タイワンクツワムシ：P14、15
- マダラコオロギ：P17
- リュウキュウアブラゼミ：P18

● 軟体動物類（貝類）
- アフリカマイマイ：P42、43
- イソアワモチ：P58、59、103
- オキシジミ：P109
- キイロダカラ：P55
- ヒメジャコ：P77
- ホシダカラ：P54、55
- リュウキュウアオイ：P98、99

● 棘皮動物類
- アオヒトデ：P65
- シカクナマコ：P87
- トゲクリイロナマコ：P87
- ナガウニ：P64、65
- ニセクロナマコ：P71、86
- マンジュウヒトデ：P88、89

● 環形動物類
- イバラカンザシ：P91
- ホンケヤリムシ：P90

● 被子植物類
- アカギ：P7
- イジュ：P9
- イルカンダ：P9
- イワタイゲキ：P107
- オキナワスズメウリ：P30、31
- クワズイモ：P32、33
- シロダモ：P6
- センダンキササゲ：P40、41
- タブノキ：P7
- ハマダイコン：P107

● 海草類
- リュウキュウアマモ：P83
- リュウキュウスガモ：P82

● 緑藻類
- ヒトエグサ（アーサ）：102、103
- モツレミル：P81

陸の自然さんぽ

① 沖縄の季節感

公園の新芽に春の息吹

　サクラ（ヒカンザクラ）の花の季節になり、末吉公園は花見でにぎわっています。久しぶりに公園を散策しながら、ふと、サクラを見る人たちも季節を感じていないのだろうかと考えました。というのも、「沖縄の自然（森）から季節を感じない」という話をよく聞くからです。

　そんなことを考えていると、シロダモの新芽が目に飛び込んできました。新芽には柔らかな産毛が生えていて、光を反射して銀色や薄い黄金色に光っています。まるで銀の飾りです。シロダモは沖縄の各島で見られる木ですが、末吉公園では特に北側の斜面に多く生えています。普段は目立たないのに、あちこちで存在をアピールしています。シロダモの新芽は、姿がかわいいだけでなく、産毛の手触りがいいので、観察会で大人気です。

　タブノキの新芽も目立っています。赤く色付く新芽はシロダモに劣らずきれいです。ピンク色の特別な葉っぱに包まれていて、広がるとまるで花のように見えます。タブノキも、森で普通に見られる樹木です。

銀色に輝くシロダモの新芽

クワガタムシが集まる木なので、夏休みになると特徴を教えてほしいとよく言われますが、説明するのは難しいです。でも、今なら、簡単そうですね。

寒い時期に新芽を付ける木は他にもいろいろあります。沖縄島中南部でよく見られるアカギも新芽を付けています。途中、清掃されたはずの歩道に落ち葉が大量に積もっているのが気になったのですが、犯人はアカギでした。新しい葉が育つと古い葉を一斉に落とすようです。若葉を茂らせた場所では森が黄緑色に変化しています。

結局、新芽を眺めて考えた結論は、「季節を感じない」というのは、「内地と同じ季節を感じない」という意味にすぎないのではないか、ということでした。森の中では、沖縄の季節を感じるドラマが、サクラに限らず、今まさに進行中です。「それでも季節を感じない」という人は、時々立ち止まって周りをよく見てください。　藤井

赤くて花のようなタブノキの新芽

メモ

モミジみたいな新芽

モミジのように落葉する前の葉が赤くなることはよく知られていますが、植物によっては新芽や若葉の時にも赤くなります。赤い色は、アントシアニンという色素です。アントシアニンは、有害な光を吸収してこれから育つ若い葉を守っているといわれています。

アカギの葉のじゅうたん

目楽しませる個性的な花々
生物の宝庫 やんばる

　私たちの住む琉球列島には海や山、どこを見ても面白い自然がたくさん存在します。少しの知識と、ものを見る力があれば、皆さんも何げない風景の中に隠れている面白さに気付けると思います。
　そのお手伝いとして、私は生物の宝庫であるやんばるを中心に、陸の自然の魅力を紹介していきます。ここに目を通して少しでも興味を持ったら、ぜひ実際に出掛けて自然を体感してもらいたいと思うのです。
　今回は本格的な夏を前にした初夏のやんばるの森を一緒に散歩したいと思います。
　緯度の低い沖縄では、全国でも一番早く梅雨がやってきます。梅雨とは、夏に日本

やんばるの森

の上空を覆う空気の塊（気団）が春の気団を押し出す際に見られる現象です。気団同士がぶつかる所の真下で雨が降ります。

春から夏へ変化するこの時期、天気がぐずつくことが多くなります。これは沖縄や日本の上空で、空気同士の勢力争いが起こっているからなのです。

その後、春の気団は徐々に勢力を増す夏の気団に押し出され、沖縄の上空からいなくなります。こうして梅雨が明け、本格的な夏へと季節が移ります。

緑の深みが増してきたこの時期のやんばるでは、そこかしこに、さまざまな花が咲いているのを見ることができます。

植物に限らず、生き物たちは毎年巡ってくる大きな季節の変化を先取りします。次の季節への準備として開花・結実、繁殖な

イジュの花

ど、個性的な自己主張が見られます。沖縄は本土に比べて四季の変化に乏しいとされますが、沖縄で生き物たちを楽しく観察するには初夏が適しているのです。　　佐藤

初夏のやんばるの森

メモ

色や匂いで見分ける

やんばるで見られる花たちは地味なもの、派手なものなどさまざまです。花の色や形、咲き方や匂いなどから、植物の種類を見分けることができます。見分けられるようになると、森を歩くのが何倍も楽しくなりますよ。初夏の時期はイジュ、イルカンダなどが見られます。

イルカンダの花

③ 生き物との距離感
近づき過ぎないように

バタバタバタ…。突然、子どもたちが近づいてきたので、キジバトが慌てて飛び立ちました。「仲良くしようと思ったのによ」。ちょっと悔しそうですが、鳥に限らず野生の動物たちには、それぞれ安心できる距離があって、近づき過ぎると逃げてしまいます。観察するときには、近づき過ぎないことが大切です。

実は、逃げ出してしまったキジバトは、末吉公園では最も警戒心のゆるい鳥です。写真を撮ろうとカメラを構えると、途端に近づかせてくれなかったりしますが、変に意識をしなければ、簡単に1メートルくらいまで近づくことができます。

動物たちが安心できる距離は、時代や地域、人の態度によっても変わるようです。今から30年ほど前、沖縄に来て驚いたことの一つは、スズメが近くに寄って来ることでした。子どものころの経験から、近づくとすぐ逃げる鳥だと思っていたので、とても不思議でした。おそらく、僕の育った地域では、コメを食べるスズメはいつも追い払われていたので、警戒心が強くなっていたのでしょう。

最近、本土から来た学生に、スズメの話をしたところ、「うちのもなれなれしいです」と言っていました。最近は、本土でも

キジバト。よく地面に降りています

いじめられないのかもしれません。
　季節によって距離を変える鳥もいます。毎年冬になると沖縄に渡ってくるシロハラは、森の落ち葉をかき分けて、カタツムリや昆虫などの小動物を食べる小鳥です。来たばかりのころは、ガサガサと音を立てるだけで、あまり姿を見せようとしません。ところが、帰るころには、平気で姿を見せるようになります。

　人見知りだった転校生がいつの間にか新しい学校に慣れてくるのに似ています。
　野生動物の多くはとても臆病です。彼らの安心できる距離を尊重して、自然散策を楽しんでください。動物の気持ちになって考えるだけでも、いろいろな発見があるはずです。どうしても近づけないことがあるかもしれませんが、餌付けは反則ですよ。

生き物との距離感

藤井

スズメ。大きな群れを見なくなりました

メモ

渡り鳥とは

　暮らしやすさや子育ての都合で、定期的に長い距離を移動して、すみ場所を変える鳥を渡り鳥といいます。
　渡り鳥のうち、夏に来るのが夏鳥、冬に来るのが冬鳥、途中で立ち寄るのが旅鳥です。渡りをしない鳥は留鳥と言います。

シロハラ。飛ぶ時にキョッ、キョッと鳴きます

④ ホタルよ、なぜ光る

雄が雌にアピール

　那覇市で唯一まとまった森の自然が残る末吉公園は5月から7月にかけて、ホタルの観察会でとてもにぎわいます。この公園には6種類のホタルがいますが、この時期に光って飛んでいるのは、クロイワボタルとオキナワスジボタルの成虫です。この2種類、大きさなどに違いはあるのですが、慣れていないと外見で見分けるのは意外と難しいのです。でも大丈夫。光り方の違いを知っていれば、捕まえなくても簡単に見分けることができます。

　ピカッ、ピカッ、ピカッと光るのがクロイワボタル、ボーッと連続して光るのがオキナワスジボタルです。

　観察会でみんなが見ているホタルはほとんど雄です。それは、雄が雌に合図を送ってもらえるように、雌からの合図を見逃さないように、必死に光ってアピールしながら飛び回っているからです。雌は飛ばないで、やや弱い光で合図を送り、雄が来るのを待ちます。

　地面に目を向けると、幼虫が光っていませんか？　ホタルの仲間は、どの種類も幼虫の時期に光ります。しかし成虫になるとあまり光らない種類や、まったく光らない種類がいます。それらのホタルの雄は匂いを頼りに雌を探すので、昼間に飛び回っています。

　ホタルは何のために光るのでしょう？　雄と雌が出会うためだけでしょうか。成虫が光らない種類でも幼虫は光っているので

オキナワスジボタルの幼虫

すから、きっと別の理由がありそうです。
　ホタルはまずい味がするといわれています。それで「おいしくないから食べないで！」という意味で光っているという説があります。でも本当はどうなんでしょうね。

ホタルを見る機会があったら、皆さんもぜひ考えてみてください。

藤井

末吉公園のホタル

クロイワボタルの成虫（雄）

メモ

目の大きさ違う

　雌雄の出会いに光を使うホタルの目は大きくて、触角（昆虫が匂いを感じる器官）が単純です。それに対して、匂いを使うホタルの目は小さくて触角が立派な傾向があります。あまり光らず、匂いを使うオキナワマドボタルの目はとても小さいですよ。

オキナワマドボタルの成虫（雄）

13

⑤ 羽震わせ鳴くクツワムシ
秋から続くラブコール

　初夏の頃、末吉公園はホタルの観察会でにぎわっています。夜の観察会の楽しさは、いろんな生き物に出合えることです。参加するときには、ぜひ目を凝らして探してください。そして、耳を澄ませてください。いろんな鳴き声が聞こえてくると余計に楽しくなります。

　「ギッ、ギッ、ギッ、ギッ、ギュルギュルギュルギュルギュル・・・・」、森の端っこの茂みや草むらから、何やらやかましい鳴き声が聞こえませんか。もし十分に近づくことができたら、そっと音のする場所を懐中電灯で照らしてみてください。大きなキリギリスの仲間が羽を震わせて鳴いているのが見られるかもしれません。タイワンクツワムシです。

　「虫のこえ」という童謡の歌詞に「ガチャガチャガチャガチャくつわむし」というフレーズがありますが、タイワンクツワムシは、そのクツワムシの南方系の種類です。「くつわ」というのは、手綱を付けるときに馬の口にかませる金具です。馬が動くときの金具がぶつ

茶色のタイワンクツワムシ（雄）

緑色のタイワンクツワムシ（雄）

かる音に鳴き声が似ているところからクツワムシと名付けられたそうです。

ところで、童謡の歌詞を思い出して疑問に思った人はいませんか。最後のフレーズは「秋の夜長を鳴きとおす、ああおもしろい虫のこえ」なのですが、今はもう初夏ですよね。半年以上も季節がずれています。実は、タイワンクツワムシも、夏の終わりごろから新しい成虫が出現して、秋ごろに鳴き声をよく聞くことができます。でも、長生きなので、冬を越して、まだ鳴いているのです。

キリギリスやコオロギの雄は前羽をこすり合わせて鳴きますが、これは雌に対するラブコールです。秋から愛を叫び続けているって、すごくないですか。末吉公園には、今も鳴いている雄が何匹もいます。けたたましい鳴き声を聞くたびに、よほどモテナイのか、よほどのプレーボーイなのかと思ってしまいます。

藤井

メモ

いずれは茶色に

タイワンクツワムシには、体の色が緑色のものと茶色のものがいますが、日陰にすんでいると、茶色に変化するといわれています。

日なたにすんでいると、しばらくは緑のままですが、いずれはみんな茶色になるのだそうです。見つけたら色にも注目です。

タイワンクツワムシ、緑色の幼虫。茶色い幼虫もいます

⑥ オキナワモリバッタ
食べられない自信あり？

　バッタというと草むらにすんでいるってイメージですよね。でも沖縄にはモリバッタという森にすむバッタがいます。モリバッタの仲間は、島ごとに少しずつ色合いや模様が違っていて、アマミモリバッタ、オキナワモリバッタ、イシガキモリバッタ、イリオモテモリバッタ、ヨナグニモリバッタなどに分けられています。このうち沖縄島にいるのはオキナワモリバッタで、成虫になっても羽が短く、褐色の地味な模様が特徴です。

　オキナワモリバッタは、林床（森の地表面）や林縁（森と草地の境目）の植物を食べますが、末吉公園ではクワズイモの葉をよく食べています。特に幼虫の時期に、一つの葉っぱにたくさん集まってみんなで食べているのをよく目にします。

　1匹ずつ見ると、ガツガツ食べていて行儀が悪そうですが、あちこちの葉っぱに手を出して食い散らかすのではなく、みんなで1枚ずつ食べるやり方には、ある種の行儀の良さを感じてしまいます。

集まってクワズイモを食べるオキナワモリバッタ

オキナワモリバッタ

　行儀以外にも、オキナワモリバッタに感心することがあります。それは堂々としていて、慌てないことです。普通、バッタの仲間は、とても臆病で、目が合っただけですぐに隠れたり、跳ねて飛び去ったりします。でも、オキナワモリバッタに限っては、近づいてもなかなか逃げないので、顔を近づけてゆっくり観察できます。食べられてしまうとか、捕まってしまうとか考えないのでしょうか。度胸があり過ぎです。

　もしかして、クワズイモの毒の成分を体に蓄えていて、食べられない自信があるから堂々としているのでしょうか。クワズイモ以外の植物も食べているわけだから、クワズイモに関係なく、おいしくないのかも

成虫になっても羽が短いままです。左の大きい方がメス、右がオス

しれません。わざわざ集まって食べるのも、わざと目立つようにして、おいしくないことをアピールしているとすれば納得できます。

　モリバッタの謎を解明するため、バッタの味比べを企画してみたいと思いますが、毒があったら嫌ですね。　　　　　　藤井

メモ

何でいないの？

　同じくクワズイモの葉に集まるマダラコオロギは、ごく普通の森の昆虫です。集まるので、いると目立つはずですが、末吉公園では見掛けません。ここの森は、戦後にできた森です。おそらく、元の緑地に偶然いなかったことが今でもいない理由です。

マダラコオロギ。シッ、シッ、シッ…と、地味な声で鳴きます

⑦ 末吉公園にすむセミ
個性豊かな鳴き声

　那覇市立森の家みんみんに来た子どもたちにセミの鳴き声を聞くと、ほとんど全員が「ミーン、ミーン」と答えます。本当にそう鳴いていますか。一度、先入観を捨てて鳴き声を聞いてみましょう。

　みんみんの周辺では、5月の終りごろから茶色い色をしたリュウキュウアブラゼミが「ジッ、ジッ、ジジジジジジジジー」と鳴き始めます（僕にはそう聞こえますが、実際の鳴き声を自分で確かめてください）。リュウキュウアブラゼミは、鳴き声が鍋のススを落とすときの音に似ているので、方言でナービカチカチといいます。

　6月の終わりごろから、うるさく鳴き始めるのは、体が黒くて、緑がかった透明な羽のクマゼミです。ホルトノキやセンダンにたくさん群がるセミです。方言は鳴き声からサンサナーといいます。

　この2種類のセミの鳴き声を覚えて末吉公園を散歩すると、木が茂って薄暗い森の中ではリュウキュウアブラゼミが多く、木がまばらで明るい森の外ではクマゼミが多いことに気が付くと思います。この2種類は森の中と外できれいにすみ分けているようです。

　どうやってすみ分けているのか、よく分からないセミもいます。一つはチーーーーと鳴く小さくて地味なクロイ

リュウキュウアブラゼミの交尾

ワニイニイです。方言では「4月ごろから鳴く小さなセミ」という意味で、シーミーグヮーといいます。このセミ、末吉公園の開けた場所にいるのですが、みんみんの周辺では開けた場所でも一度も見掛けたことがありません。

　もう一つは、夏の終わりごろにジーワ、ジーワと鳴くクロイワツクツクです。方言は鳴き声からそのままジーワです。このセミは近くのリュウキュウマツの林で鳴き声をよく聞きますが、なぜか末吉公園内のリュウキュウマツでは見掛けません。

　どこにどんなセミがいるのか、まだまだ不思議なことがいっぱいのようです。ぜひ鳴き声に注目してみなさんの身近にいるセミの謎に迫ってみてください。　　　　藤井

ホルトノキに群がるクマゼミ

適した環境で羽化

　セミは長い幼虫の時期を地中で過ごして、地上に出て羽化します。抜け殻のある場所を調べると、幼虫の時にどんな環境を好んでいるのかを確実に知ることができます。リュウキュウアブラゼミの抜け殻は森の中でよく見つかります。

セミの抜け殻（左からクマゼミ、リュウキュウアブラゼミ、クロイワニイニイ）

⑧ 夜の森はカエルの大合唱

在来の10種類が生息

　皆さんが足を踏み入れることのない夜の森。その中がどうなっているか興味はありませんか？

　私は夜の山の中を一人で過ごすのが大好きです。ちょくちょく、やんばるに出掛けていっては、夜通し森の中をさまよっています。

　そこには、昼間の森とはまったく違った、とても楽しい森の姿を見ることができます。今回は私の好きな夜の森の様子を紹介したいと思います。

　夏の初めの季節、夜の森はひっそりと静まり返る…のとは真逆で、とてもにぎやかで活力に満ちた時期を迎えます。森に入って最初に気が付くのは、さまざまな場所からいろんな音が聞こえてくることです。

　そんな音を静かに聞いていると、風の音や沢のせせらぎの音に加え「グォッ、グォッ、ゴッ、ゴッ、ゴゴゴ、ゴッ、ゴッ」と奇妙でとても大きな声が聞こえてきます。

　紙面では伝えにくい

ナミエガエルの雄（上）と雌

のですが、初めて聞いた人は"サル"だとか"お化け"だとか、そんなふうに思うらしいです。実はこの奇妙な声はナミエガエルというカエルの雄が雌を探して鳴いている時の声です。

　私たちの住む琉球列島という所は、日本の中でも両生類（カエルやイモリの仲間）の種類がとりわけ多い場所です。その中でも、やんばるには在来のカエルが10種類も生息しています。ナミエガエルをはじめとした何種類かのカエルは、今まさに繁殖の時期を迎えています。ですから、夜のやんばるは、彼らの一風変わった自己主張であふれかえっているのです。

　それにしても10種類もカエルがいて、相手を間違えたりしないのでしょうか？
　じっくり観察していると分かります。カ

緑色が特徴のハロウェルアマガエル

エルたちは繁殖の時期をずらしたり、少しずつ違う環境を選んで繁殖したり、特徴的な鳴き声を使ったりすることで、お互いがごっちゃにならないように工夫しているのです。

佐藤

夏に繁殖するカエル

メモ

鳴き声に特徴

　初夏が繁殖期のやんばるのカエルたち。それぞれ特徴的な鳴き声でやんばるの夜をにぎやかにしています。ナミエガエルの他にも、ハロウェルアマガエルやホルストガエルなどを見ることができます。

ホルストガエル

⑨ 遺存種のクロイワトカゲモドキ
琉球列島だけに生息

　私たちの住む琉球列島には面白い生き物が多く生息しています。そんな中でも皆さんがあまり出歩かない夜の山の中で出会える、私が特に好きな生き物を紹介したいと思います。

　夜の林道をライト片手に静かに歩いてみましょう。しゃべっていたり、よそ見をしていては駄目です。じっと集中して聞き耳を立てながら歩きましょう。すると地面の方から、ガサササッ、と何かが動いて止まる音が聞こえます。音の方にそっとライトを向けるとしっぽをピンと立てて、あたかもこちらに向かってポーズをとっているかのような生き物がいます。

　見た目はトカゲのようで地面を軽快に走る様はなんともカッコイイ。この生き物、名前をクロイワトカゲモドキといいます。名前からだと分かりにくいと思いますが、トカゲではなくヤールー（ヤモリ）に近い爬虫類です。日本では琉球列島の徳之島（鹿児島県）と沖縄島をはじめとした沖縄諸島、ケラマ諸島にのみ仲間が生息しています。沖縄県の天然記念物にも指定されている生物なのです。

　クロイワトカゲモドキは遺存種といって、琉球列島以外の他の地域ではすでに絶滅してしまった生き残りの生き物だと考えられています。その昔、琉球列島が中国

クロイワトカゲモドキ

クロイワトカゲモドキ

大陸と陸続きだったときにこの辺りに生息し、その後琉球列島が島になる際に島に取り残され生き残ったと考えられています。

実は琉球列島にはこうした遺存種と呼ばれる生き物がたくさん生息しており、琉球列島の自然を特徴付けている大切な存在となっています。

これからの季節、少し自然度の高い場所に行けば比較的たくさん見ることができます。機会があれば皆さんに実際に見てもらいたい生き物なのです。

もし見掛けたら捕まえたりせず、そっと静かに観察してみてください。そして見終わったらその場をそっと離れてあげましょう。

佐藤

観察するときは「静かにそっと」がポイント！

メモ

我が身守るため

見つかったとき、尾を持ち上げてポーズをとるのは尾を目立たせ、蛇などの外敵にわざと狙ってもらい、急所である頭や体を守る方法と考えられています。ただ、尾は同時に栄養の貯蔵庫の役割もあるので、死ぬよりはマシなのでしょうが失いたくはないはずです。

尾を持ち上げ、ポーズをとるクロイワトカゲモドキ

⑩ "超能力"の持ち主－ヘビ
舌を使い、匂い集める

「私はヘビが大好きです」。こう言うと大抵のヒトに変な顔をされます。どうも世間一般ではヘビはまだまだ嫌われ者のようなのでヘビ好きの私としては寂しい限りですが、ヘビは私たち人間からすると"超能力"ともいうべき、すごいワザを持った興味深い存在なのです。

そもそも私たちの住む琉球列島は日本の中で一番「爬虫類（ヘビの仲間）がたくさんいる地域」になります。せっかくそういう場所に暮らしているのですから、皆さんに少しヘビの面白さについて知ってもらいたいと思うのです。

ヘビが舌をチロチロ出し入れしている映像を見たことがある方も多いと思います。実はあれもヘビのすごい能力の一つなのです。

ヘビは基本的には目を使って行動しています。しかし、例えば餌を捕るときなど、獲物の種類とか距離などのより詳しい情報が必要なときには、それだけでは十分ではありません。そういうとき、ヘビは鼻を使わずに空気中に漂う微量な匂いを集めます。

ヘビの口の中には、上あ

獲物の気配を感じると、舌を出して「探索開始！」。写真はガラスヒバァ

ごの所、ちょうど舌を口の中に収納したときに舌が当たる部分にヤコブソン器官という匂いを分析する場所があります。ヘビは舌を出す際に空気中に漂う匂いの物質を舌の表面に吸着させ、引っ込めるときにこの器官に舌をこすりつけることで、空気中の微量な匂いを分析します。これにより、たとえ獲物の姿が見えなくてもその獲物の匂いで通った跡や隠れている場所を探すことができるのです。

実際、屋外でヘビを観察してみると、ヘビは獲物の気配を感じるとすぐに舌出しを盛んに繰り返すことが分かります。そうし

匂いを分析して獲物にたどり着きます。（リュウキュウカジカガエルを捕らえたガラスヒバァ）

ながら徐々に匂いの濃い方向＝獲物の方に近づいて行く様は何度見ても本当に感心させられてしまいます。

嫌われ者のヘビ、調べてみるとまだまだすごいワザを持っています。少し興味を持ってみませんか？

佐藤

メモ

気管は口の前方に

ヘビは自分の頭より大きな餌（ヒトで考えると小さめのビーチボールぐらいのもの）を丸のみにすることができます。

そんな大きな獲物をのみ込むときに息ができなくならないように、ヘビの気管（肺につながる管）は口の前方に開いています。

下あごの所に見える穴がヘビの気管

⑪ 自然を伝える決まり事
生き物はカタカナ表記

　以前読者の方から「ヘビとハブの違いは何ですか？」という質問が寄せられました。実は自然や生き物を表す言葉には、いろいろなルールがあります。ヘビとハブ以外にも何となく使っている日本語がありそうなので、今回は生き物の名前についてお話しします。
　まず最初に、ハブとヘビの違いですが「ヘビ」という名前のヘビは存在しません。トリ、サカナ、カエル、サル、といったときに使うのと同じで、「ヘビというグループ」を指す言葉になります。
　一方、ハブというのは種名といって、そのものを指す名前になります。トリで言えばスズメ、イソヒヨドリ、コサギなどと同じで、ある特定の種類の生き物を指します。
　ですから「スズメはトリである」けれど、「トリはスズメである」とは必ずしも言え

ハブ

ませんよね。同様に「ハブはヘビである」のですが「ヘビはハブである」とは必ずしも言えないのです。少し丁寧に書くなら「ハブはたくさんいるヘビの仲間のうちの一種である」というのが正解になります。

　それからもう一つ、図鑑などで生き物の名前をカタカナで表記していると思います。これにも意味があります。生き物そのものを指す場合、カタカナで表すことで文章中でも混乱しないようにしています。ヘビも蛇も読みは同じ「へび」ですが少なくとも前者は「ヘビ」という生物のことを指しています。

　また種名はカタカナで表すようにしていますから、「琉球カジカガエル」のように一部地名などを漢字で表してしまうと、読む側に無用の混乱を与えてしまいます。こ

リュウキュウカジカガエル

の場合は「リュウキュウカジカガエル」と表記した方がいいということになります。

　なんだか面倒くさいようですが、他の人が見ても誤解されないように、自然の表し方には小さな決まり事があって、それをうまく使うことで自然のことを皆さんに伝えていけるのです。

佐藤

メモ

ヘビは3千種

　ヘビは爬虫類の中の有隣目ヘビ亜目というグループに分類される生き物です。ヘビ亜目の中には20を超える「科」と呼ばれるグループが存在し、3千種ほどのヘビが知られています。大きさや生息環境もさまざまで、現在地球上でよく繁栄している生き物といえます。

イワサキワモンベニヘビ

12 ハブのピット器官
温度見える第2の目

　暑さも一段落し涼しくなってくる季節は、冬を前に生き物が活発に動く時期になります。生き物がたくさん動くということは、それを食べる生き物も活発に動くようになるわけです。これからの季節は、ヘビの活動も活発になり、私にとってはうれしい限りなのです。

　今回もヘビの話、その中でもハブの持つ超能力のお話をしたいと思います。

　実は私たちは普段、目に見えない光を出して生きています。それは赤外線です。この光は熱とともに放射されるため、暖かい所は他の場所より多くの光を出します。人間の目では見えない、この赤外線を可視化しているのがビデオカメラのナイトショット機能で、暖かい場所が他より白く写っているはずですので、見てみると納得できると思います。

　ハブの頭をよく見てみましょう。目の前方に小さなくぼみが左右に開いているのが分かると思います（右上写真、矢印部分）。これは鼻の穴ではなく、ピット器官といいます。第2の目とも呼べるハブの感覚器官です。このくぼみの内側には赤外線を感じる細胞がびっしりと並び、たくさんの神経が集まっています。ハブの脳ではピット器官からの情報は視覚の情報と同じように処理がされていると考えられています。どう

沖縄を代表する毒ヘビ・ハブ

も、サーモグラフィーのような赤外線の強弱でできた世界がハブには見えているようなのです。

ハブの主な餌動物であるネズミや鳥といった恒温動物（体温を一定に保っている生き物）は常に熱を持つ＝赤外線を出しているので、ピット器官があるハブは、たとえ餌が隠れていても、動いていなくても、目の利かない暗闇にいたとしても、餌に体温がある限り、その姿を正確に捉えることが可能なのです。そのため餌の隠れている所に真っすぐ向かって捕まえることができるのです。

見えない光が見える能力、すごいと思いませんか？　そんな能力が自分にもあったらもっといろんな生き物が見えるのになぁと、いつもうらやましく思うのです。

佐藤

矢印部分がピット器官

メモ

ニシキヘビも

琉球列島ではトカラハブ、ハブ、サキシマハブ、ヒメハブがピット器官を持つヘビとして知られています。世界的にはクサリヘビ科マムシ亜科とニシキヘビ科、ボア科ボア亜科のヘビがこのピット器官を持っていて、赤外線を見ることができているようです。

同じくピット器官を持つトカラハブ

⑬ オキナワスズメウリ
森に増えるミニスイカ？

　最近「スイカにそっくりな模様の小さな実は何ですか」と、よく聞かれます。正体はオキナワスズメウリの実です。

　オキナワスズメウリは、日当たりのよい森の端っこ（林縁部）に生育する「つる性」の植物です。名前の通り、ウリの仲間です。亜熱帯に広く分布していて、日本ではトカラ列島口之島以南の南西諸島で見られます。緑色の実は、熟すと赤くなり、駄菓子屋のあめ玉みたいになります。見た目がかわいいので、観賞用や緑のカーテンとして栽培されることもあるようです。沖縄では特に珍しい植物ではないのですが、この2年くらいで一気に増えて、目に付くようになりました。

　増えた原因は昨年、一昨年と沖縄を襲った強烈な台風です。思い出してください。台風の後、木々の葉がすっかり落ちてしまって、森中がスカスカの状態になっていました。特に木が倒れたり、枝がひどく折れた場所ではスカスカの状態がしばらく続いていました。オキナワスズメウリの大好きな林縁部のような環境が森の至る所に出現したのです。

オキナワスズメウリの若い実。おいしそうですが、食べられません

でもちょっと待ってください。いくら都合のいい環境ができたとしても、種がなければ生えることはありませんね。誰がいつの間に種まきをしたのでしょうか。おそらく種をまいたのは鳥たちです。でもまいたのは台風の後ではないはずです。なぜなら台風の直後には種を付けた実などなかったからです。では、いつまかれたのでしょうか。

答えは「台風のずっと前」であり、「今」なのかもしれません。今こそたくさんの実が鳥たちに食べられ、まかれているはずです。

森が回復すると、オキナワスズメウリの大好きな場所はだんだんと減ってしまうと予想されます。もしかすると、何年も何年もオキナワスズメウリがほとんど見られない年が続くかもしれません。その間、森の中の至る所にまかれた種は、次の強烈な台風をじっと待っているのでしょう。

藤井

オキナワスズメウリ

熟した実と種

メモ

ひげで巻き付く

アサガオもウリの仲間も、どちらもつる性の植物ですが、巻き付き方が違います。アサガオが茎で巻き付くのに対し、ウリは巻きひげを使って巻き付きます。

巻きひげは最初まっすぐ伸びますが、何かにぶつかるとばねのような形になって巻き付きます。

オキナワスズメウリの巻きひげ。葉の反対側から伸びます

「トトロの傘のような」クワズイモ

直射日光、葉を立てしのぐ

　末吉公園の森を散歩すると、傘のように大きな葉っぱを付けた植物がやたらと目に付きます。クワズイモです。ハート型の葉は1メートルほどにもなり、「トトロの傘みたい」と子どもたちに大人気です。

　クワズイモは文字通り「食べられない芋」です。ターンム（田芋）や里芋の仲間なのですが、シュウ酸カルシウムという毒性のある物質を多く含んでいるので食べられません。シュウ酸カルシウムは小さな針のような結晶になっているので、植物の汁が付いただけでも人の皮膚や粘膜に刺さって炎症を起こします。しかし、汁が付かなければ、触っても平気です。実際に、お盆にご先祖さまへのお土産を包む風呂敷として、あるいはごちそうを乗せるお皿として葉が利用されています。

　ところでこの夏、クワズイモの様子がいつもと違うのに気が付いていますか。傘のように付いているはずの葉が、どれも葉先を上に向けてピンと立っています。これでは、トトロも傘にすることができませんね。

　では、なぜ葉を立てたのでしょうか。日照り続きで弱ったので、「もうお手上げ、降参します」という意味なのでしょうか。恐らく、そうではありません。葉を立てると横にしているときよりも、1枚の葉に当たる日差しの量を減らすことができます。クワズイモは、葉を立てることで、強すぎる日差しの影響を和らげ、日照りの中を頑

クワズイモの実。熟した実は赤くなり、ハトの仲間が好んで食べます

張って生きているのです。

　森をよく観察してみると、日陰に生えているクワズイモの中には、葉を立てていないものもいます。植物は光がなければ生きていけません。弱い日差しの場所では、葉を横にして太陽の光ができるだけよく当たるようにしているのでしょう。

　今年の夏は、記録的な日照りが続いていますが、そのうち、いつものように曇りや雨の日が増えてくるはずです。そのとき、クワズイモがどのように変化するのか、ぜひ注目してみてください。

藤井

クワズイモ

日なたのクワズイモ。葉を真っすぐ上に伸ばしています

メモ

葉っぱの赤ちゃん

　クワズイモの新しい葉は、株の真ん中にある葉の茎から生まれます。茎の根元が縦に裂けて、しわくちゃの葉っぱの赤ちゃんが出てきます。まるで動物の誕生のようです。生まれた葉は次の真ん中の葉になり、茎の根元から次の新しい葉を産みます。

葉っぱの誕生。二つに折り曲げられたおしぼりのようです

15 冬はカエルの繁殖期
浅い水場に集まり産卵

沖縄といえども年末ともなると寒いですね。この時期、皆さんは許されるのならずっと家の中でじっとしていたい、と思うのではないでしょうか。こんな時には生き物も活動しないものと思っていませんか？　私もかつてはそう考えていました。でもこの時期、やんばるでは何種類かのカエルが1年で1番忙しい繁殖期のピークを迎えています。

そのうちの一つにリュウキュウアカガエルという小型のカエルがいます。私は毎年寒い中を、このカエルの産卵を見るためにヤンバルに通うのです。

リュウキュウアカガエルは、山からにじみ出した水がたまったような、水深の浅い水場を産卵場所に選びます。12月から1月になると水場周辺に多くの雄が集まり、夜な夜な「ピッ、ピッ、ピッ」と小鳥のような声を出して雌を待つようになります。しかし産卵は一向に始まりません。なぜなら、そこには1匹も雌がいないからです。実は比較的大きな産卵場所では一斉産卵という面白い現象が見られます。

その日になると突然、雌が一斉に水場に集まります。雄とペアを組み、何もいなかった水場に数百といった数のカエルが入り込み、一晩のうちにみんなが産卵するのです。その光景は圧巻というほかありません。

リュウキュウアカガエルの雄

目に入る動くもの全てが、繁殖に参加しているカエル、という世界が広がります。その産卵は1カ所につき、せいぜい2日ほどで終わり、雌はまたどこか山の方に帰ってしまいます。産卵の日を過ぎると、あれだけにぎやかだった水場には一面、足の踏み場も無いほどの卵だけがあって、カエルは見当たりません。なんだかキツネにつままれたかのような光景が広がり、リュウキュウアカガエルの今シーズンの繁殖が終了するのです。

私はこの瞬間を見るために、何度もヤンバルまで足を運ぶのですが、少し日にちを間違えると産卵が終わっており、「また来年」となることも少なくないのです。

佐藤

リュウキュウアカガエル

山中の水場で一斉に繁殖を行うリュウキュウアカガエル

メモ

春にはカエルに

冬に卵からかえったオタマジャクシは、餌を食べて成長し、暖かくなってくる3月〜4月ごろに1センチにも満たない大量の小さな子ガエルとなって水場から離れていきます。このうちのほんの一握りのカエルのみが生き延びて、再び冬場に産卵に訪れることになるのです。

リュウキュウアカガエルのオタマジャクシ

⑯ オキナワアオガエル-1
水場見つけてメスを呼ぶ

　リーコロコロ、コロコロ…。12月に入ると末吉公園ではいつものようにオキナワアオガエルが鳴き始めました。この鳴き声を聞いたとき、私は正直ホッとしました。

　オキナワアオガエルは、沖縄島、久米島、伊平屋島に生息する鮮やかな黄緑色をした、ちょっと大きめのカエルです（くすんだ色のものもいます）。指が大きく、吸盤がよく発達していて、木の上での生活に適応しています。

　昨年（2013年）は夏の間、ほとんど雨が降らなかったことを覚えていますか？末吉公園では、木の葉が枯れて、地面がひび割れるくらいに森が乾燥しました。

　カエルの仲間は、水分補給を皮膚で行い、呼吸も肺だけでなく、皮膚に頼っています。厚い皮で体を覆うことができないので、乾燥には強くありません。木の上にいるオキナワアオガエルにとって、昨年は相当厳しい状況だったに違いありません。もしかすると、いきなり姿を消すのではないかと本気で心配していました。どうやら、いらぬ心配だったようです。でも、一体どのようにして乾燥した夏を生き

オキナワアオガエルのペア。下の大きいほうがメス

抜いたのでしょうね。

　リーコロコロ、コロコロ…。鳴いているのはオスです。オキナワアオガエルは、川や水路ではなく、池や水たまりのような水場を産卵場所に選びます。オスたちは適当な水場を探して、メスを呼び寄せます。鳴き声には、メスを誘う役目と見つけた場所の縄張りを主張する役目があります。

　それにしても感心するのは、オスたちの水場を見つける能力です。今から10年ほど前、施設の中庭に水がめを置いたときも、5年ほど前に入り口付近にビニールシートで水たまりを作ったときも、どこからともなくオキナワアオガエルのオスが現れて鳴き始めました。

　水場周辺には、すでにペアになったオキナワアオガエルもいるようです。間もなく、

高い木の枝の上にいるオキナワアオガエル

水辺には白い泡状の卵の塊が産み付けられるでしょう。アオガエルたちの恋の季節は5月ごろまで続きます。

藤井

オタマは先祖の姿？

　成長の過程で大きく姿を変えることを変態と言います。カエルはオタマジャクシから変態して大人の姿になります。姿を変えることには、違うすみ場所や餌を利用できる利点があります。変態前の姿は先祖の姿を残しているという説もあります。

変態したばかりの子ガエル

17 オキナワアオガエル-2
水場の泡の塊は卵

寒さのピークも一段落？ 2月末の沖縄は、着々と暖かい時期を迎える準備を進めています。雨の多いこの時期、池や大きめの水たまりの付近に、写真のような泡の塊を見つけたことがありませんか？ 誰かのいたずらにしては、葉っぱの裏側など少々面倒くさい所に付いています。これは何かというと、実はある生き物の卵なのです。

オキナワアオガエルという、きれいな緑色をしたカエルがいます。このカエルは手足にとても大きな吸盤があります。地面よりも樹上で生活するのが得意のようで、木の上などでよく見掛けます。繁殖期のこの季節、樹上から夜な夜なきれいな声で鳴き合って、水場をにぎわせています。

このカエルは、冬場から春先にかけて、泡巣と呼ばれる泡で包んだ卵の塊（卵塊）を産むことが知られています。卵塊をよく見掛けるのは、水場に張り出した植物の枝や葉の裏側、水際の落ち葉の中などです。

産卵している様子をよく見ると、オスメスのペアがおんぶガエル（専門用語で「抱接」）になっています。産卵場所を決めると、まずメスが泡の元となる液体を出し、

冬場から春先にかけて水場周辺で見られるオキナワアオガエルの泡巣

オキナワアオガエル2

後ろ足でかき混ぜて泡の塊を作ります。その後、体を軽く震わせながら少量ずつ泡の中に産卵していくのです。

同時に、背中に乗っている一回り小さなオスもその都度力むようにして精子を振り掛け、産み落とされた卵を受精させて泡巣を完成させていきます。

地上に産み落とされた泡巣の中の受精卵は、シリケンイモリなど水の中にいる捕食者から守られながら、発生（細胞が分裂していく段階）が進みます。受精卵がふ化してオタマジャクシになり、自分で泳げるようになると、泡巣が溶けるように崩れ、枝の下にある水場に生活場所を移していくのです。

これから暖かくなると、こういった水場には他にも多くの生き物が見られるように

抱接産卵中のオキナワアオガエルのペア

なります。生き物同士のいろいろな振る舞いが観察できる、生き物好きには楽しい季節がやってきます。

佐藤

メモ

成長すると陸へ

今の時期、水場周辺では、しっぽがまだ残っているオキナワアオガエルの子ガエルたちが草むらから飛び出してくるのを見ることができます。水場で生まれたオキナワアオガエルは、成長するにつれ、水場を離れて生活の場所を陸地に移していくのです。

オキナワアオガエルの子ガエル

18 外来種のセンダンキササゲ
野生化し、急激に増加

　末吉公園にある子どもの施設で働き始めて11年になります。ほんの10年ほどですが、末吉の森は少しずつ姿を変えています。この森は戦後にできた森です。一般的に、若い森は日なたを好む木を中心にした明るい森ですが、森が成熟するにつれて、日なたを好む木が周辺に追いやられ、暗さに強い木を中心としたうっそうとした森に変わっていきます。森が成熟している途中なので、変化するのはある意味当たり前です。しかし外来種の森に変わっているとしたら問題です。

　末吉公園では600種類以上の植物が記録されています。それだけ自然豊かな場所だと言いたいところですが、そのうち半数以上は外来種です。木に関しては、外来種のほとんどが、花がきれいとか、見栄えがいいとかの理由で人の手で植えられたものです。植えられた場所におとなしくとどまっているものもいますが、野生化して勝手に増え続けているものがいます。きょうはその中から、近頃、急に目に付き始めたセンダンキササゲを紹介します。

　センダンキササゲは中国南部や台湾を原産とし、コガネノウゼン（イペー）やカエンボクと同じノウゼンカズラ科に属します。名前は姿（葉と幹）がセンダン（セン

センダンキササゲ　葉がセンダンに似ていて、長い鞘（さや）状の実を付けます

ダンギー）に似ていて、実がササゲマメに似ているという意味です。実の中にはたくさんの羽の付いた種子が詰まっていて、風に飛ばされて広がります。

　センダンキササゲは成長が早く、伸び方が独特です。若い時は脇目も振らず、ひたすら真っすぐ上に伸びて、周りの木を追い越した後で、枝を張って実を付けます。森にちょっとした場所が空いたら、すかさず侵入するのに適したやり方です。近頃、実生（発芽して間もない木）をよく見掛けるのは、すでに侵入に成功した木が実を付け始めたからだと思われます。これから急激に増えそうな予感がします。

　皆さんの近所でもセンダンキササゲが増えているかもしれません。見つけたら教えてください。

藤井

真っすぐ伸びる1〜2年の若いセンダンキササゲ

メモ

環境問題の一つ

　もともといなかった地域に、人によって持ち込まれた生物を外来種または外来生物といいます。外来種が定着すると、もともといた生物（在来種）の数を減らしたり、絶滅させたりして、生態系のバランスが崩れてしまうことがあります。外来種は環境問題の一つです。

末吉公園の森

センダンキササゲ

19 アフリカマイマイ

沖縄一有名なカタツムリ

　おそらく沖縄で一番有名なカタツムリはアフリカマイマイです。他のカタツムリは、なかなか名前で呼んでもらえませんが、子どもたちにもちゃんと名前で呼んでもらえます。
「あっ、アフリカマイマイ！」
「えー、きもい！」
　アフリカマイマイは東アフリカのサバンナ地域原産で、沖縄には1930年代に食用として持ち込まれました。その後、養殖場が放棄され、野外に逃げ出したようです。
　気持ち悪がられる大きな理由は、大きくてグロテスクというのと、人に感染症を起こす広東住血線虫という寄生虫を持っていることでしょう。
　でも生で食べたり、素手で触ったりしなければ大丈夫です。もし触ったら、しっかり手を洗いましょう。
　今年の夏、末吉公園は地面がひび割れてしまうほど、ひどい干ばつでした。そのころアフリカマイマイは全く見かけませんでしたが、雨が降り始めたとたんに、よく見掛けるようになりました。きっとどこかに隠れて休眠していたのでしょう。さすが乾燥地帯出身だと感心していたら、最近になって、小さな個体をよく見掛けるようになりました。一斉に繁殖したようです。昼間、クワズイモの葉の裏に小さな個体がた

クワズイモの葉の裏でウンチをしながら昼寝するアフリカマイマイ

くさん付いている場所がありました。くるくる巻いたウンチも付いています。何をしているのでしょう。葉はきれいなままなので、食べるためではないようです。

夜、同じ場所に行ってみると、クワズイモの葉から降りて食事をしていました。耳をすますと、むしゃむしゃと葉を食べる音が聞こえてきます。夜行性のアフリカマイマイは、クワズイモの葉を昼寝の場所として使っているようです。敵から身を守るにもちょうどいい隠れ場所だと思っているのかもしれません。でもクワズイモのない場所では、どうしているのでしょうね。

藤井

アフリカマイマイ

ノカラムシの葉を食べるアフリカマイマイ

メモ

千個超も産卵

アフリカマイマイは、気温20度以上の条件で100〜千個以上の卵を10日間隔で産みます。しかも半年から1年で繁殖できるまでに育つそうです。ネズミの増え方に例えて、あっという間に増えることをネズミ算と言いますが、アフリカマイマイ算だと、すごすぎますね。

卵からかえったばかりのアフリカマイマイ

⑳ 末吉公園の捨てネコ
生物の関わりに悪影響

　那覇市の末吉公園には、奇跡的に残された森の自然があります。沖縄県は、その貴重な自然を守るために、全域を鳥獣保護区に指定しています。最近、ウォーキングや散策で公園を利用する人たちが増えています。自然に関心を持つ人が増えるのはうれしいことです。

人に近づいてくるのに、おびえている捨てネコ

　一方で、気になることも増えています。その一つがネコです。自然の中では、食べたり、食べられたり、利用したり、利用されたり、生き物たちはいろんな形でつながり合っています。ある生き物の数が増えると、餌やすみかが不足したり、捕食者(食べる生き物)が増えたりして、数を減らす力が働きます。そのため、ある生き物だけがずっと増え続けることはできません。つながりながらバランスを保つのが、自然の法則です。

　公園にいるネコはどうでしょう。捨てられたネコは、いろいろな理由であまり長生きできないようです。本来ならば、自然の法則に従って数が減るはずですが、捨てる人が後を絶たないので、その数は増え続けています。

実は、西表島を除く沖縄の森には、ネコのような強力な捕食者は、もともと存在しません。そのため、ネコの攻撃から逃げる方法を持たない生き物が少なくありません。森の生き物にとって、ネコは本当に怖い外来生物なのです。末吉公園では、地面で生活するトカゲの仲間が減っています。では、ネコは悪者なのでしょうか。そうではありませんね。ネコは被害者です。飼い主がしっかり責任を持って飼ってさえいれば、悲劇は生まれません。

でも、かわいそうだからと捨てネコに餌を与えるのは、ちょっと待ってください。餌をもらったネコが子どもを産んで増えたら、どうなるでしょうか。餌をあげる人がいるからと、安心して捨ててしまう人が増えたら？　他の外来生物がその餌を食べて増えたら？　自然のバランスがもっと崩れて、鳥獣保護区の生き物たちは絶滅するかもしれません。難しい問題ですね。皆さんも解決方法を考えてみてください。　藤井

ネコの餌は、外来生物のマングースにも食べられています

末吉公園の捨てネコ

メモ

チップ埋め込みも

やんばるでは、野生化した捨てネコがヤンバルクイナなど希少動物を襲う問題が発生しました。そこで、全ての飼いネコにマイクロチップを埋め込んで登録し、捨てネコを減らす工夫をしています。西表島ではイリオモテヤマネコを守るために登録が行われています。

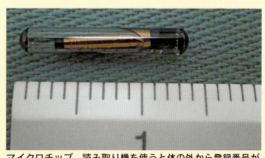

マイクロチップ。読み取り機を使うと体の外から登録番号が分かります

堆積岩の一種 チャート
地面は何でできている？

 授業などで「石が好きって人はいますか？」といって質問すると、大抵は「また変なこと言い出した…」という顔をされます。多くの人にとって石なんてどれも一緒で、違いがあったからといって「だからどうした？」というもののようです。

 私たちの住む地面は、植物の植わっている土（土壌）があり、その下に岩石があって成り立っています。そして岩石には、実は多くの種類があります。その種類が分かると、その場所がどうやってできたか、その上にある土壌はどんな性質をしているのか、どんな生き物がすんでいるのかが分かります。また人間の生活の中でどのように使われていたのかなど、面白いことも見えてきます。

 今回はそんな岩石の中でも、堆積岩（さまざまな物質が降り積もってできた岩石の仲間）の一種であるチャートについてお話ししたいと思います。

 チャートとは、主として放散虫という小さ小さな生き物の死骸

ガラスと同じ成分でできているチャート

堆積岩の一種 チャート

が大量に降り積もり、長い時間をかけて圧縮されてでき上がった岩石です。人間の骨格を作っているのはカルシウムですが、海の生き物の中にはケイ素という物質で骨格を作るものがいます。ケイ素はガラスの材料と同じ物質です。放散虫はまさにこのケイ素を骨格に持った生き物なのです。この放散虫の死骸でできている訳ですから、チャートはガラスと同じ成分でできている石ということになります。

伊江島の城山（タッチュー）を見たことはあるでしょうか？ 本部半島から見える特徴的な形。あの山こそ全体がチャート、放散虫の死骸でできたガラスの山なのです。詳しいことは省きますが、チャートが堆積するのは、おおよそ4千メートル程度の深海です。それを考えると、いま陸上に出ているタッチューも、その昔は深海の底にあったんだなと分かるのです。他にも本部半島のあちこちにチャートを含む地層があり、備瀬の海岸などでは波打ち際に小さな塊をたくさん見ることができます。

チャートが堆積してできた伊江島タッチュー

佐藤

メモ

鉄にぶつけると火花

チャートは鉄よりも硬いため、鉄にぶつけると鉄の方が削れてしまいます。この際、削られた鉄は高温の火花となって飛び散ります。この現象こそ時代劇などで出てくる「火打ち石」の仕組みなのです。沖縄の身近にある石で火花が出せるなんて、面白いと思いませんか？

チャートに鉄を打ち付けると火花が散ります

粟国島の凝灰岩

昔の火山活動示す証拠

　自分のいる場所の地面がどんな岩石でできているかについて、興味のある方は少ないと思います。でも、岩石の種類が分かると、地面がどうやってできたかという仕組みが分かり、自分の足元がどうやって今に至るか、という過程を知ることができるようになります。

　皆さんが好きな昆虫などの多くは、特定の植物が生えている所にたくさん生息したりします。その植物も、どこにでも生育しているわけではありません。ある決まった条件の地形や土の性質の所に生えることが多いのです。そしてその地形や土の性質に強い影響を与えるのは、その下にある岩石の種類や性質だったりします。

　つまり岩石について知ることは、島の成り立ちから植物や動物まで、そこにある自然を理解する上で基礎になる要素を手に入れるということなのです。

　皆さんもぜひ地面に注目してみてください。きっと新しい発見があるはずです。

　前置きが長くなりましたが、今回も地面、つまり「岩石」のお話です。

粟国島の西側一帯に広がる白い崖。高さが90メートル以上の場所もある

粟国島の凝灰岩

岩石の中でも火山活動に伴ってできる岩石を火成岩と言います。その中でも、火山の噴火でできる凝灰岩を紹介したいと思います。

凝灰岩は、火山灰が地上や水中に降り積もってできた岩石です。本土など、火山の多い地域では割とたくさん見ることができます。加工しやすいため、昔から石材として利用されています。

沖縄本島から船で2時間ほどの粟国島には、琉球列島でも有数の凝灰岩が見られる地形があります。島の西側一帯に広がる白い崖がそれです。全て火山灰が降り積もっただけの地形、そう考えると、本当に驚くほどの高さがあります。崖に近づいてよく見ると、軽石などが混じっているのを見ることができます。粟国島は火山島ではありませんが、島の地形から、島ができる過程で地球規模の火山活動があったことを私たちに教えてくれています。

興味のある方は、一度訪れてみるといいと思います。　　　　　　　　　　佐藤

凝灰岩をよく見ると、軽石などが混じっているのが分かる

メモ

水がめに利用

真水を確保することが難しい粟国島では、島で採れる凝灰岩をくりぬいて作った「とぅーじ」と呼ばれる水がめに雨水をため、生活用水を賄っていました。水道の普及で利用されなくなりましたが、今でも島のそこかしこに昔ながらの水がめを見ることができます。

凝灰岩をくりぬいて作った「とぅーじ」

㉓ 空の色の変化楽しむ
昼から夜へ、幻想的な時間

　梅雨が明けると沖縄は晴れ間の続く本格的な"夏"を迎えます。天気の安定するこれからの時期、私はよく、夜空を見るためにやんばるまで足を延ばします。「澄み切った青い空」は沖縄の夏の風景を象徴するような言葉ですが、空は青いだけではありません。今回は昼間から夜に変わる空の色の変化に注目してみたいと思います。

　天気のいい日の日没前。海岸や漁港、砂浜など人工の光の少ない海辺で地面に寝そべってみましょう。

　日没に近づくと、さっきまで青かった西の空が、青からだいだい色へと劇的に変化していきます。「夕焼け」と呼ばれるこの現象は、太陽が傾くことで、太陽光線が大気を通過して私たちの目に届くまでの距離が長くなるために起こります。気温も徐々に下がり、昼の終わりを教えてくれます。

　太陽が完全に沈んでしまうと、少しの間、形などは分かるけど色の識別はできない暗さになります。この時間を「薄暮」といい、空は青の濃淡が秒単位で変化します。この頃には昼間の暑さも無

青色から、だいだい色へ

くなり、とても幻想的な時間が訪れます。

薄暮が終わると昼間の世界にあった太陽の光はなく、星や月といった弱い光が空を彩るようになります。

梅雨明けの時期、夜空は天の川がきれいに見えます。天の川は、地球から見て一定方向に星がたくさんあるために、無数の星が重なり合って川のように見えているものです。

小さな星一つ一つはものすごく離れていて、光の速さでそれこそ何千年、何万年もかかるような場所にあります。皆さんが何気なく夜空を見上げて見る天の川は、皆さんが生まれるよりもはるか昔に光った光です。その光がようやく地球に届いた、その瞬間を見ていることになります。そう考えると、なんとも感慨深いと思いませんか？　たかが空、されど空。じっくりその変化を楽しんでみてください。

佐藤

空の色の変化

夜の始まり「薄暮」

メモ

天の川見える季節

晴れていれば、夏の夜空は1年で一番、天の川がきれいに見える季節になります。その他にも夏の大三角形や、サソリ座、北斗七星などがきれいに見えます。流れ星もたくさん見えるでしょう。上着やマットなど、体が冷えないような工夫をして出掛けてみましょう。

天の川

自然観察のオキテ

自然観察を行うときは、さまざまな「オキテ」があります。きちんとした装備で安全を確保することはもちろん、生き物たちのすみかを荒らさないことも大切ですね。

山や森

[装備]
- 長袖、長ズボン、運動靴（もしくは長靴）、帽子など、野外で安全に活動できる服装と、手帳や筆記用具など記録するための道具

[注意事項]
- 熱中症対策として、こまめに水分を取る
- 生き物をむやみに触らない。まずは観察！
- 子どもだけで観察する場合は、必ず大人に知らせてから行く
- むやみに茂みに入り込まない。（ハブ、ヒメハブなどに注意！）
- 何度でも行ける身近な研究場所を選ぶ
- 自然を変えてしまうような研究方法は避ける（殺虫剤で採集するなどは厳禁！）

海辺

[装備]
- 帽子、涼しい服装、日焼け止め、水筒、マリンシューズかぬれてもよい運動靴、タオル、記録用クリップボードと鉛筆、防水の時計とカメラなど

[注意事項]
- 潮の干満を調べ、観察日と観察時間を決める。
- 海には危険な場所があるので、必ず大人と一緒に行く。
- 危険生物や水中の深みなどによく注意する。
- 熱中症対策として、こまめに水分を取る。
- 採集は必要最低限にして、その前によく観察する。
- 観察した生き物は元いた場所に戻す。
- 生き物探しでひっくり返した石は元に戻す。

海辺の自然さんぽ

宝もの探しに行こう－タカラガイ

本島北部に千種超の貝

みなさんは海は好きですか？ 砂浜や潮だまりで貝殻を拾ったことはありませんか。沖縄にはとてもたくさんの貝がいます。まだまだ新種が発見されるので、何種類いるのか正確な数は誰にも分かりません。沖縄島の北部東海岸で貝を調べたら、そこだけで千種類を超えると予想されました。琉球列島全体ではもっとたくさんの貝が見つかることでしょう。

貝殻拾いで人気があるのが、タカラガイ（宝貝）の仲間です。丸っこい貝殻はつやつやで、色や模様も美しい。タカラガイは巻貝の一種で、貝殻の中に柔らかい体が隠れています。体には外套膜という膜があり、特にタカラガイの仲間は、この膜を貝殻の外側にまで伸ばして、貝殻全体を覆ってしまいます。

実は、この膜が貝殻を作っていくのです。私たちは体の中で骨の成分を出して骨を成長させていきますね。貝は、この膜から貝殻の成分を出して、膜の外側に貝殻を伸ばして作っていきます。貝はヤドカリみたいに貝殻の引っ越しをするの？と時々聞か

外套膜で体全体を覆ったホシダカラ。この膜が貝殻を作っていく

れますが、貝にとって貝殻は自分の骨と同じ。自分の貝殻を一生作り続けます。

タカラガイの外套膜は貝殻の色と全然違うので、膜を伸ばしている時と引っ込めている時では、まるで違う生き物みたい。カモフラージュの意味もあるのでしょう。みなさんも、潮だまりや石の陰に隠れているタカラガイを探してみてくださいね。

鹿谷 麻夕

外套膜を引っ込めている時のホシダカラ

メモ

お金の役割も

古代中国や南太平洋の島々では、タカラガイは貝貨というお金でした。キイロダカラの貝殻を縦にして、下から触覚を2本出すと…ここから「貝」という字ができました。それで、財産や貯金などお金に関わる文字には「貝へん」が使われるようになりました。

キイロダカラ

タカラガイ

55

❷ 海辺に隠れるカニを探そう
歩く足、挟む足、泳ぐ足

　こんにちは。私はカニのことを研究してきたカニ博士です。私の回では、カニを通して沖縄の海辺を見ていこうと思います。

　今、手元に紙とペンがあったら、カニの絵を描いてみよう。カニの足は何本？　目ん玉やハサミはどうなっている？

　絵が描けたら、今度は実際に海に行って、カニを探してみよう。カニは石の下や地面の巣穴に隠れています。ハサミに挟まれないよう、また無理に引っ張ってカニを傷つけないでね。

　沖縄の干潟には、ベニツケガニ類というカニがたくさんいます。この仲間はハサミの先が赤い色。昔の女性が口紅を薬指に付けて唇に塗った様子から、ハサミの先が口紅を付ける指のように赤いという意味でこの名が付きました。

　さて、ベニツケガニの足をよく見てみよう。体の横から左右に４本ずつ、その上にハサミがありますね。実はハサミも足が変化した「ハサミ足」。足の先から２番目の節に大きなとげが出て、それが先に向かって伸びるとハサミの形に！　足とハサミの違いはたったこれだけ。基本形は一緒です。

　このハサミ足のおかげで、カニは餌を捕れるんです。それでは、左右のハサミは形が同じかな？　片方のハサミの付け根には奥歯のような出っ張りがあり、餌を捕まえた時にがっちり挟んで押しつぶしたり、逃が

ベニツケガニの仲間

さないようにしたりします。ハサミの力は強力で、私たちが指を挟まれると大変です。

一番後ろの足の形も特別。これは巣穴を掘ったり、泳いだりするのに使います。泳ぐ時には平たい部分を「櫓を漕ぐ」ようにして素早く左右に泳ぎます。実際にどんな動きか、ぜひ本物を見てくださいね。

鹿谷 法一

ベニツケガニ

ハサミを広げて威嚇のポーズ

メモ

口にも足があるんだよ

カニの口にはハサミから餌を受け取って、口の中に運ぶための小さな「あご足」が付いています。しかも、外側に大きいあご足、その内側に小さいあご足…と何重にもなっています。これも餌を食べるために特別に進化した足なのです。

ベニツケガニの口

❸ 殻のない巻貝－イソアワモチ
背中で見て お尻で呼吸

海には砂地や岩場、浅い所や深い所など、いろいろな場所があります。自分が数センチの生き物だとしたら…ぷかぷか浮かんだり、岩陰に隠れたり、砂に潜ったり。そこからはどんな景色が見えるかな？

潮が引くと干上がる岩の上に、イボイボの生き物がいます。大きさは3～4センチで緑がかった灰色、触るとお餅のような感触。

これは殻のない巻貝の一種、イソアワモチです。肺で空気呼吸をするので、実はカタツムリの仲間に近いといわれています。

イソアワモチは、暑い真夏も平気で岩の上をはい回り、小さな海藻をかじります。岩や海藻の上に点々と糞を出すので、これをたどると見つかるかも。顔にはカタツムリのような目があってかわいいですよ。

背中のイボには、実は秘密があります。大きなイボのてっぺんにある黒い点々は、「眼点」という光を感じる特別な部分。そう、イソアワモチは背中で光を感じているのです。目を引っ込めても、体中で外の明るさが分かるのかもしれませんね。

イソアワモチは呼吸の仕方も変わっています。私たちは鼻や口で息を吸いますが、イソアワモチは…なんと、お尻近くの穴で

イソアワモチ

呼吸をします！お尻の方をよく見ていると、糞を出すのとは別の穴が、時々パカッと大きく開くのが見られますよ。

では、潮が満ちて来たら…水中ではイソアワモチは息ができません。彼らは潮が満ちる前に、岩の穴の中に潜り込みます。穴の中には空気が泡のように残っていることでしょう。そして次に潮が引くまで、穴の中で泡を抱えて、じっと待っているんじゃないかな…。

海の生き物は、体のつくりも暮らし方も私たちとは全然違います。それがちゃんと、周りの環境に合っていて、すごいなぁ…と驚くことばかり。みなさんも、海の生き物の不思議を探しに行ってみてくださいね。

鹿谷 麻夕

目の他に、イボの上の黒点でも光を感じることができる

メモ

新種見つかるかも

イソアワモチには、体が丸いのや平たいの、色が緑っぽいのや黄色いの、背中のいぼの大きいのや小さいのなど、いくつか種類がありそう。でも、まだ何種類いるのかよく分かっていません。みなさんが研究すれば新種が見つかるかもしれませんよ。

形の異なる仲間

④ カニの赤ちゃんはプランクトン

海漂い　何度も脱皮

　カニの赤ちゃんを見たことがありますか？　実は、生まれたてのカニの赤ちゃんは海の中を漂っています。春から若夏のころ、暖かくなると海ではプランクトンが増え、これを餌にするカニの赤ちゃんもたくさん生まれます。

　カニは卵を産みます。小さいカニは卵を一度に数十粒、大きなカニだと一度に数万粒産みます！

採集したメガロパ幼生

　卵からふ化した（かえった）赤ちゃんをゾエア幼生と呼びます。ゾエア幼生は、大きさが0.5〜1ミリほど。エビの頭の所を丸く膨らませたような形で、身を守る棘を備えた種類もあります。「幼生」とは親とは違う形の子どものこと。虫なら幼虫、カエルならオタマジャクシが「幼生」です。

　黄色やオレンジ、茶色や緑色など、産まれたての卵は色鮮やか。お母さんガニは卵からゾエア幼生がかえるまで、卵をおなかに抱えて大切に世話をします。卵の表面をはさみで掃除したり、おなかをバフバフ揺すって新鮮な海水を送ったりして、卵の世話を続けます。卵の中でゾエアが育つと目が透けて見え、卵はだんだんと黒くなります。

　種類にもよりますが、お母さんガニが卵を抱えて約1カ月たった大潮のころ、卵からゾエアが生まれます。この時お母さんガニは水中でおなかを強く揺すってふ化を助

けます。生まれたゾエアは、大潮の引き潮に乗って広い海へ。ゾエアはプランクトン（プカプカ漂う生き物）の仲間なのです。

こうして海を漂いながら他のプランクトンを食べ、何度か殻を脱いで大きくなります（脱皮）。そして種類により1週間〜数カ月たつと、次にメガロパ幼生に変態します。メガロパは、カニとして暮らしやすい場所を探して泳ぎ回り、もう一度脱皮してやっと稚ガニに変態します。

みなさんが海辺で見つけた小さなカニは、こうしてどこか遠くの海からやってきて、新しい暮らしを始めたばかりのカニなのです。

鹿谷 法一

カニの赤ちゃん

ゾエア幼生のスケッチ

卵を抱いたカクレイワガニ

メモ

ふんどしで見分ける

カニの腹側に折りたたまれた円くて薄い部分を、カニのふんどしと言います。これはエビのおなか（私たちがおいしく食べる所）が短く薄くなったもの。雌はここに卵を抱えます。雄のふんどしは狭い三角形をしているので、ここで雌雄が見分けられますよ。

波打ち際で、幼生を海に放す

謎多いサンゴの産卵
6月大潮前後に一斉放出

　梅雨ですね。今、夜の10時。沖縄美ら海水族館の水槽前でサンゴの産卵を待っています。

　息を潜めて新しい生命の誕生を待つ夜のひとときが私はとても好きです。

　沖縄本島では6月の大潮前後に、主にミドリイシ属のサンゴが「バンドル」という卵と精子のカプセルを一斉に放出することが知られています。その日を正確に予測するのは難しいので、水族館では5月終わりの大潮前から、毎日水槽前で見張りをします。

　サンゴから放出されたバンドルは、水面に浮かんではじけます。そして6時間以内には受精し、3日後には「プラヌラ幼生」と呼ばれる赤ちゃんの姿になります。プラヌラ幼生は海を漂った後、海底の岩にくっついて小さなサンゴに姿を変えます。一度くっついたら、自分で移動することはできません。

　50年〜300年ともいわれる長い一生の中で、サンゴが自由に動き回ることができるのはプラヌラ幼生の時期だけです。

　植物のような姿のサンゴがこの時期は動物の顔を見せます。1ミリほどの大きさのプラヌラが泳ぐ姿を見るたびに「サンゴって本当に不思議だ！」と、初めてサンゴの産卵を見た驚きを思い出します。

　その時からもう15年たちますが、どう

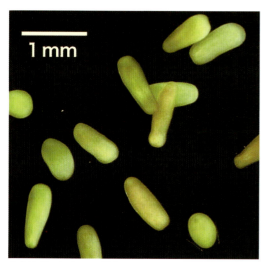

ミドリイシのプラヌラ幼生

して一斉に産卵するのか、たくさんの卵と精子の中でどうやって同じ種だと分かるのか、自家受精しないのはなぜか、まだまだはっきりと分かっていないことがたくさんあるのです。

海の中に、サンゴの赤ちゃんたちが新しい場所を求めて泳ぎ回っているところを想像すると、なんだか6月の海がいつもよりにぎやかに見えてきます。

山本広美
（一般財団法人沖縄美ら島財団総合研究センター）

サンゴの産卵

海底に着いて、サンゴの形になる

メモ

繊毛使い泳ぐ

プラヌラ幼生の小さな体には、繊毛と呼ばれる短くてとても細かい毛がたくさん生えています。これを動かしてくるくると回ったり、泳いだりすることができます。幼生に口はなく、海底に着くまで自分の体の中の栄養を使って動きます。

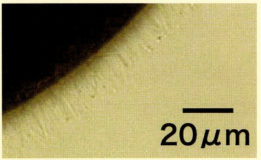

プラヌラの繊毛

⑥ 潮だまりにすむナガウニ
ペタッと張り付く吸盤

先日、小学校の観察会に行きました。潮だまりの岩陰をのぞき込んで、みんなが歓声を上げます。「何かトゲトゲしたのがいる！」

トゲが黒くてとても細長かったら、ガンガゼ。これは刺されるので危ないです。でも、黒い体に太く短く白っぽいトゲが生え、体全体が手のひらに乗るくらいの大きさだったら、ナガウニの仲間。これはそーっとなら触っても大丈夫。ナガウニは、全体がまん丸ではなく、少し楕円形をしています。沖縄の浅瀬でたくさん見られる種類です。

ところで、ウニはどうやって歩くと思いますか？　トゲで？　トゲは、敵から身を守る時や、波が荒い時に岩にしっかりと引っ掛かって流されないようにするのにとても役立ちます。でも、もし自分がウニのようなトゲトゲの体で、砂地や岩の上を歩くとしたら…砂に刺さったり、岩に引っ掛かったりして、これで歩くのはちょっ

ナガウニの仲間

と難しそうですよね。

　実は、ナガウニには軟らかい足があります。トゲトゲの間から、細長い糸のようなものがたくさん出ていたら、それが管足と呼ばれる足。この糸のような足は、先が小さな吸盤の形をして、これを岩にペタッと張り付けたりはがしたりしながら、自分の体を移動させることができます。

　ナガウニの管足を観察する時は、水中にウニの全身を沈めてください。すると、トゲの間から赤い糸のような管足がゆらゆらと出て来ます。これをトゲよりも長く伸ばして、どこかくっつく場所を探すのです。

　試しに、ナガウニを手のひらにそっとのせて水中に沈めてみましょう。しばらく待つと、管足が伸びて手のひらにくっつきます。少しくすぐったいけれど、我慢してく

トゲの間から伸びた管足

ださいね。しっかり管足が出て来たら、そっと手をひっくり返してみましょう…ナガウニはきっと、あなたの手のひらに吸い付いて落ちないはず！　管足は細いけれど、何本も合わせればけっこう強力な吸盤になるのです。

鹿谷　麻夕

メモ

ヒトデやナマコにも管足

　ウニ、ナマコ、ヒトデは実は同じ動物のグループ。これらも管足で歩きます。ヒトデの腕の裏側には溝が通っていますね。この溝の隙間から、吸盤の付いた管足がたくさん出てきます。浅瀬にすむナマコの多くは、体の下側に一面、短い管足がありますよ。

アオヒトデの管足

恥ずかしがり屋のイボテガニ
石を背負って歩きます

　浦添市の西海岸には地元でカーミージーと呼ばれる海があります。海岸には新しい道路を建設中で、私は毎月、海がどんなふうに変わったのかを記録するため、自分で決めた場所の写真を撮って歩いています。毎月撮影した写真を並べて見ると、いつも同じように見える海も、海藻が茂ったり、北風で砂が吹き寄せられたり、季節の移り変わりがはっきりと分かって面白いですよ。

　写真を撮りながら歩いていると、時には

海草の上に乗っかった小石

ナマコがゆったり食事をしていたり、エビが巣穴からこっちを見ていたり、石がゴソゴソ歩いていたり？

　ここの海には、小石を背負って歩くイボテガニの仲間が何種類かすんでいます。ヤドカリが貝殻を背負って歩くのは、みなさんよく知ってますよね。でも、巣穴の石を丸ごと背負って歩くカニは、知らなければ、なかなか見つけられません。

　海を歩きながら、手のひら大の小石が海草の上に乗っかっているのを見つけたら、そっと、ひっくり返してみましょう。きっと石の下側には、大きさ1〜1.5センチほどの穴があいているはず。その奥をのぞくと、いました。薄茶色のカニが隠れているのが見えますか？　このカニの仲間は、ハサミの外側に小さなツブツブ（いぼ）がたくさんあるので、イボテガニという名前がついています。

　石をよく見ると、巣穴の縁が白っぽいで

すね。これは、自分の甲羅の大きさに合わせて、カニが穴の入り口を広げた証拠。すみやすいように、ちゃんと家の手入れをしています。でも、体の何倍もの大きさの家を引っ張って歩くなんて、力持ちですよね〜。カニの体をよく見ると、小さいながら脚もハサミも太短くて、いかにも力が強そうです。

海草が生えた海だけでなく、砂地にすむイボテガニの仲間もいます。砂の上に小石が移動した跡を見つけたら、そっとひっくり返してみましょう。きっと、恥ずかしがり屋のカニが、穴の奥からこっちを見ているはずですよ。

鹿谷 法一

穴に隠れる
イボテガニ

メモ

いつからマイホーム？

　イボテガニの仲間は、みんな石を背負って歩くわけではありません。カニがまだ小さいときは、他のカニと同じく石の穴に隠れているのを見掛けます。でも、いつから一軒家に移るのか、なぜこのカニの仲間だけ石を背負って移動するのか、分からないことだらけです。

見つかっちゃった

⑧ オカヤドカリの放幼生(ほうようせい)

赤(あか)ちゃん　満月(まんげつ)の大海原(おおうなばら)へ

　初夏(しょか)の満月(まんげつ)の日(ひ)。夕暮(ゆうぐ)れ時(どき)に自然豊(しぜんゆた)かな砂浜(すなはま)に座(すわ)っていると、カラコロ…サクサク…とかすかな音(おと)が聞(き)こえてきます。たくさんのオカヤドカリたちが、岩(いわ)を下(お)りて波打(なみう)ち際(ぎわ)へと歩(ある)いて来(く)る音(おと)です。

　沖縄(おきなわ)で「あーまん」と呼(よ)ばれるオカヤドカリ類(るい)は全部(ぜんぶ)で6種類(しゅるい)。いつも砂浜(すなはま)にいるのは小型(こがた)で肌色(はだいろ)や灰色(はいいろ)のナキオカヤドカリ。他(ほか)に、大型(おおがた)で茶色(ちゃいろ)のオカヤドカリや紫色(むらさきいろ)のムラサキオカヤドカリをよく見(み)ます。大型(おおがた)の種類(しゅるい)は普段(ふだん)は畑(はたけ)や山(やま)にすんでいるので、最近(さいきん)はアフリカマイマイなど陸(りく)にすむカタツムリの貝殻(かいがら)を背負(せお)っていることが多(おお)いです（左(ひだり)の写真(しゃしん)）。オカヤドカリ類(るい)は実(じつ)は国(くに)の天然記念物(てんねんきねんぶつ)、日本(にっぽん)では主(おも)に小笠原(おがさわら)と奄美(あまみ)・沖縄(おきなわ)にすんでいます。

　ヤドカリというのは本来(ほんらい)、海(うみ)の生(い)き物(もの)です。でもオカヤドカリ類(るい)だけは、水中(すいちゅう)から出(で)て陸上(りくじょう)で暮(く)らすようになった変(か)わり者(もの)。湿(しめ)った場所(ばしょ)は好(す)きだけど、水中(すいちゅう)に長(なが)くいると溺(おぼ)れてしまいます。

　そんなオカヤドカリ類(るい)が自分(じぶん)から水(みず)の中(なか)に入(はい)る瞬間(しゅんかん)があります。それは赤(あか)ちゃん（幼生(ようせい)）が生(う)まれる時(とき)。それが、初夏(しょか)の満月(まんげつ)の夕暮(ゆうぐ)れ時(どき)です。

　オカヤドカリは、貝殻(かいがら)に隠(かく)れた脇腹(わきばら)の部分(ぶ)にたくさんの卵(たまご)を生(う)み付(つ)けて、しばらく卵(たまご)を抱(かか)えたまま過(す)ごします。そして、もう

暗(くら)くなるころオカヤドカリが岩(いわ)を下(お)りて来(く)る

オカヤドカリの放幼生

卵が熟したよ、という満月の夕方に、陸から海の波打ち際まで下りて来ます。

その様子を観察しました。オカヤドカリ類は波の中まで歩いていって、背負った貝殻をバフバフと前後に揺すって動かします。その瞬間、脇腹に抱えた卵から、小さな幼生が一斉にふ化して海の中へ泳ぎ出した！これを"放幼生"といいます。

ふ化した直後の幼生

オカヤドカリ類の幼生はエビに似た形のプランクトン。数週間海を漂いながら体の形をヤドカリに変えて、砂浜から上がって陸上生活へと戻ってくるのです。海から山まで、自然がちゃんとつながって残されている限り、島のあちこちで満月の夜の放幼生が見られることでしょう。

鹿谷 麻夕

メモ

わずか5ミリメートル

日陰や湿った砂の上で小さな貝殻がもぞもぞ動いていたら、きっと陸に上がって間もないオカヤドカリ類の子どもたち。貝殻を入れてもわずか5ミリメートルほど。垂直のコンクリート護岸は無理だけど、自然の岩なら、くぼみで時々休憩しながらぐんぐん登っていきます。

ちょっとひとやすみ

⑨ サンゴ礁にすむ 毒持つカニ
絶対食べちゃ駄目！

　夏休みの日曜日。きょうも海辺にはたくさんの人がやってきます。イノーで泳いだり、砂浜で遊んだり、潮干狩りを楽しんだり、風に吹かれて木陰で涼んだり。おなかがすいたら、みんなでお弁当も楽しいですね。

　ところで、今から30〜40年前の沖縄のサンゴ礁は、生き物がとても豊富でした。イノーの中を泳ぐと、見渡す限り一面に何種類ものサンゴが折り重なるように成長し、サンゴの隙間には、食べられる貝やカニ、魚などをたくさん見つけることができました。でも、ほとんどのサンゴが白くなって死んでしまった今は、のっぺりとした岩だけが残り、残念ながら昔のようなにぎやかさはありません。

　それでも、引き潮の時に干上がった岩場をよーく探すと、手のひらに載るサイズのカニが見つかることがあります。白とカーキ色の迷彩パターンで岩に隠れる、丸くてかわいいスベスベマンジュウガニです。

　さらに潮がよく引いて、普段は白波の立っている沖の方まで歩いていける日なら、エビ茶色に白のまだら模様がよく目立つ、ウモレオウギガニを見つけることもできるでしょう。こちらは甲羅の幅が10センチ以上にもなり、大きくて力も強い種類です。

　この2種類、食べるのにちょうどよいサ

「猛毒ありです」（スベスベマンジュウガニ）

イズに思えるのですが、フグ毒と同じ成分を筋肉の中に持っています。ですから、煮ても焼いても、絶対に食べては駄目！　実は、カニが食べる餌の中に毒があって、それを体の中にためているらしい。ですから、時期や場所によって毒の強さは変わりますが、だいたいカニの脚1本分で大人1人が死んでしまうほどの毒を持っています。海の中には、毒のとげを持った魚やウニなど、触ると危険な生き物も多いのですが、食べると危険な生き物がいることも覚えておいてください。

　むやみに海の生き物を捕まえたり食べたりせず、生き物や地域の方々の迷惑にならないよう、夏の海を楽しんでくださいね。

鹿谷 法一

毒を持つカニ

「私も毒です」
（ウモレオウギガニ）

メモ

薬として利用も

　フグの毒は神経がまひして呼吸や心臓が止まる恐ろしい毒ですが、極微量では鎮痛剤として利用されています。ナマコ類が持つサポニンは魚には毒ですが、強い抗菌力で水虫薬となりました。海の生き物の毒からは、がんの薬についても研究が進んでいます。

ナマコから水虫の薬？（ニセクロナマコ）

71

⑩ スク（アイゴの幼魚）
旧暦を知る魚たち

　皆さんは旧暦を知っていますか？　旧暦は月の暦で、1日が新月、15日が満月。このとき月と太陽の引力が合わさって、潮の干満の差が大きい「大潮」になります。旧暦で5〜8月の新月の大潮の日、暦に合わせるようにサンゴ礁の浅瀬にやってくる魚がいます。

旧暦6月1日のスクの群れ

　それはスクです。スクとはアミアイゴやシモフリアイゴの幼魚のこと。これらのアイゴの産卵は初夏の新月の明け方です。卵から生まれた直後は2ミリほどで、海に漂いながら小さなプランクトンを食べます。3センチくらいの幼魚に育つと、海藻の表面をつついて食べるようになり、このとき、群れを作って海藻が生える浅瀬にやってきます。

　小魚が群れを作るのは、大きな魚から身を守るため。群れを作っていれば、全体がひとかたまりの大きな生き物のようにも見えますね。襲われたときは、小魚が一斉にあちこちに逃げれば、大きな魚はどれに狙いを定めてよいか分かりにくくなります。

　でも、スクの一番の天敵は人間かも…？
　今年も旧暦の6月1日に、伝統的なスク漁が見られました。漁師さんたちが浅い海に飛び込み、網の中にスクの群れを追い込みます。海中で泳ぐスクは黄緑色っぽく見

スク（アイゴの幼魚）

えますが、網に上げられたスクは銀色に輝いて、とてもきれいです。

とれたてを生のまま酢でしめると、最高においしい旬のごちそうです。また塩漬けにしてビンの中に並べて入れたら、あの塩辛いスクガラス。よくお豆腐の上にのせますね。

さて、人や他の魚に捕まらずに生き延びたスクは、海藻をつついて食べながら育ち、やがて15〜20センチほどに成長します。すると今度は釣りの対象ですね。釣ってすぐに血を抜き内臓を取れば、おいしく料理できます。ただし、

10月ごろ、アミアイゴの模様がくっきり

アイゴの背中やおなかのひれは毒針で、刺されるととっても痛いですよ！ 釣ったり、料理をしたりするとき、ひれをはさみで切るなどして、刺されないように気を付けてくださいね。

鹿谷 麻夕

メモ

とれたてを酢じめに

とれたてのスクを漁港で買って、酢じめに。強めのお酢を使うと骨が軟らかくなり、ひれにも刺されず、丸ごと食べても大丈夫。新鮮なら臭みもなく、おしょうゆをつけて食べるとおいしいです。たくさん食べるとあたる人もいるようですが、私は大丈夫でした！

新鮮なスクを酢じめに

ウミガメの産卵
太平洋を横断し、沖縄へ

　夏になり、昼間の強い日差しの中、砂浜でビーチパーティーや海水浴などを楽しむ人が増える時期になりました。

　この時期、北部などの砂浜に出掛けると何やらブルドーザーの通った跡のような奇妙な模様が砂浜に付いているのを目にします。この模様をよくよく観察してみると、私たちの住む陸側からではなく、海から始まって海に戻っているのが分かります。実はこの奇妙な模様を砂に付けたのはウミガメのメスなのです。

　昼間に皆さんが楽しんだ砂浜は夜になると、ひっそりと静まりかえります。そんな砂浜に波打ち際から大きな岩のようなものが姿を現します。産卵に来たウミガメです。ウミガメは四肢を使って砂浜を一歩一歩、大きな体を引きずるように砂浜をはい回り、産卵する場所を探します。昼間に見掛ける模様はこの時の跡なのです。

　場所を決めたウミガメは後ろ足を使って器用に砂に穴を掘り、産卵し、後ろ足で穴を埋め戻して再び海に帰っていきます。

産卵のために浜に上陸した雌のアカウミガメ

ウミガメの産卵

沖縄本島では主にアカウミガメとアオウミガメの2種類が産卵に訪れます。このうちアカウミガメは生活の場所はアメリカ西海岸、産卵は日本の砂浜です。産卵のために太平洋を横断するという壮大な移動をすることが知られています。カメがはるか太平洋の反対からわざわざ産卵に訪れていると思うと、なんだか「ご苦労さま」という気持ちになります。

沖縄本島では4月ごろからカメの上陸・産卵が確認されます。夏からは産卵とともに初めに産卵した卵がふ化し、子ガメがはい出ていく時期にもなります。日没後、砂浜の1カ所が静かに沈み込み、代わりに小さなウミガメの赤ちゃんが集団で砂の中からはい出てきます。こんな光景がこれからしばらく、夜の砂浜で繰り広げられます。偶然出会った時はライトなどで照らさず、そっと星明かりの下で観察してみてください。

佐藤

浜に残されたウミガメのはった跡

メモ

一目散に海へ

アカウミガメの子ガメは砂からはい出し、一目散に海を目指します。そして親と同じ黒潮に乗り、はるか太平洋の反対側のアメリカ付近まで流されながら成長していくようです。

何匹かは再び赤道の流れに沿って日本を目指し、産卵に訪れるのです。

砂から元気よくはい出したアカウミガメの子ガメ。長い旅の始まりです

サンゴの白化現象
原因は海水温の上昇

今年の8月はとっても暑くて、いつも見ている海の様子が変わってきました。

まず最初に気付くのは、生き物の姿が少ないこと。暑すぎてどこかに隠れているのか、冷たい海水がある深い所に移動したのか、それとも暑さで死んでしまったのでしょうか。

イノーを歩いていると、潮だまりの中に白い塊が見えます。白化したサンゴです。サンゴの体の中には褐虫藻という茶色い植物プランクトンの一種が共生していて、元気なサンゴは茶色く見えます。でも水温が高くなりすぎると、サンゴの体の中から褐虫藻がいなくなり、サンゴの肉を透かして白い骨が見えるようになります。これがサンゴの白化。サンゴは褐虫藻が光合成して作った栄養を分けてもらって成長していますから、褐虫藻がいなくなれば、栄養不足で長くは生きていられません。サンゴが生きているうちに、

白化したミドリイシ

海水温が低くなり、褐虫藻が元のように増えるといいのですが。

サンゴの他にも、白化した生き物を見つけました。シャコガイです。イノーの岩に穴を掘りながら成長するシャコガイは、2枚の貝殻を少し開き、その隙間から青や緑に輝く外套膜というひだを出します。でも見つけたシャコガイのひだは真っ白。実はシャコガイのひだにも褐虫藻が共生し、たくさんの栄養を作っています。サンゴもシャコガイも、褐虫藻の栄養のおかげで、固くて大きな骨や貝殻をつくることができると考えられています。そして褐虫藻にたくさんの光が当たるように、暑いのを我慢しながら、水の澄んだ浅い海に暮らしているのです。

いつもの夏なら、台風の大波が海をかき

白化したヒメジャコ

混ぜ、沖の冷たい海水でイノーを冷やしてくれました。でもここ数年、沖縄近海の水温が高くなり、台風ができる場所や進路も変わって来ました。地球温暖化の熱を海が吸収してくれていたのですが、私たちは海にムリをさせすぎたようです。　鹿谷 法一

サンゴの白化現象

メモ

一部分だけ白く…

サンゴ礁の沖の方では、一部分だけ白くなって死んでいるサンゴを見掛けます。オニヒトデがサンゴに覆いかぶさり、胃袋を裏返しに出してサンゴに押し付け、肉だけ溶かして食べた跡です。全体が白くなる白化と違って、丸い胃袋の形に白くなっています。

オニヒトデに食べられて、一部分だけ白くなっている

海を引っ張る太陽と月の力
海のリズム「潮汐」

　皆さんはこの夏、海で遊びましたか？海を見ていると、数時間で潮が満ちたり引いたりするのに気付いたでしょうか。

　潮の満ち引きのことを「潮汐」と言います。潮汐にはいろいろなリズムが隠れています。

　一番小さいリズムは約12時間。夜中の0時が干潮なら、朝の6時ごろに満潮が来て、昼の0時ごろに再び干潮となります。これがピッタリ12時間なら潮の変化は毎日同じですが、実際には12時間と25分、つまり1日に50分くらいずつ、満ち引きの時間がずれていきます。

　次のリズムは約2週間。これは月の満ち欠けに伴う大潮・小潮の繰り返しです。潮汐は太陽と月の引力が、地球上の海水を引っ張ってできる、ゆったりした波のようなもの。潮の満ち引き(干満)の差が大きい大潮は新月か満月、差が小さい小潮は半月のときです。

　太陽-月-地球の順に並ぶのが新月ですね。このとき太陽と月の引力が合わさり、そちら側に海水が引っ張られて盛り上がります。さらに遠心力によって反対側にも盛り上がりができます。地球上の海水の量は変わらないので、盛り上がる分だけ引っ込む場所もできます。だから海岸には満潮と干潮が1日に2回ずつ訪れるんですね。

潮が引いたらどこまでも歩ける！

大潮のときは潮の干満の差が大きく、その差は沖縄では約2メートル。地形などによってこの差は変わります。世界には干満の差が15メートルになる場所もあるんですよ！

新月から1週間後、地球から見て太陽と直角の位置に月があるときは、引力が分散するので小潮となり、次の1週間後、太陽－地球－月の順に並ぶ満月のとき、再び大潮が来ます。

もっと大きなリズムは1年。春から夏にかけては昼の干潮時に潮がたくさん引き、秋から冬の間は夜の干潮時に潮がたくさん引くように変化します。その切り替わりは9月ごろと2月ごろ。今年、昼間に潮の引いたサンゴ礁を歩けるのはそろそろ終わりかな…というのも、秋の始まりの合図といえるでしょう。

鹿谷 麻夕

潮が満ちた時

潮が引いた時

海の生き物もリズム利用

海の生き物たちは、毎日の潮の干満を感じて暮らしています。干潟のカニは潮が引くと出てきてご飯を食べたり、満ちてくる前に巣穴に戻ったり。大潮に合わせて産卵する生き物も多く、たとえ月が見えなくても、大潮小潮のカレンダーをちゃんと体で感じられるようです。

干潮の間にご飯タイム

ヒメキンチャクガニ
ポンポン持って踊ります

　海の観察会の下見で、宮城島に行ってきました。観察会を企画された地元の方の案内で、山あいの細い砂利道を歩いて海に向かいます。

　海辺の散歩の楽しみは、海の中だけではありません。海に向かう道すがら、道端の草や木に目を向けると、陸から海への移り変わりがはっきりと見てとれます。植物の名前や暮らしぶりが分かってくると、草や木を見るだけでも、海が近づいたなとワクワクしますよ。

　もっと植物に詳しくなれば、そこに生えている植物の形や組み合わせを見るだけで、地面の下の様子や湿り具合、風の吹き方や日当たりなど、自然のさまざまなサインを理解できるそうですが…。私はまだまだです。

　さて、いよいよ波打ち際までやってきました。潮が引いて干上がった岩場には、小さな潮だまりがたくさんあります。

　潮が引くと小さな生き物は石の下に隠れるので、平たい石が潮だまりに沈んでいるのを見つけて、そっとひっくり返してみました。エビやカニや小魚が慌てて別の石の下に移動した後、何だかフワフワ動く毛玉のようなものが目に付きます。ヒメキンチャクガニです。大きさは3〜4ミリほど。名前の通り、両方のハサミにイソギンチャ

どこにいるか、わかるかな？

クを持って身を守る、変わったカニです。甲羅や脚には白い斑点と毛の束があって、よ〜く見ないと砂粒と区別がつきません。

私がじっとしていると、両手のイソギンチャクを左右にゆっくり振りながら、踊るように歩きだします。捕まえようとして手を近づけると、カニは両手のイソギンチャクをこちらに向かって高く持ち上げ、私を追い払おうとします。でも何だか、ポンポンを持って応援しているようで、かわいい感じ。捕まえるのは諦めて、しばらくポンポンダンスを楽しんだ後、またそっと石を元に戻しておきました。

小さな潮だまりに沈んだ石を見つけたら、そっとひっくり返してみましょう。小さな応援団が見つかるかもしれませんよ。

鹿谷 法一

茶色いのがイソギンチャク（矢印部分）

ヒメキンチャクガニ

メモ

海遊びのおやつ

「昔は海遊びの時のおやつだったよ〜」と教わったのが、モツレミル。海水でさっと洗って砂を落とし、そのままパクリ。少しコリコリして、潮の香りがして、おいしい！　ミル類は日本でも古くから食べられ、平安時代には着物のデザインとしても使われていました。

新芽は明るい海松（みる）色

⑮ 海の中で咲く花－海草の仲間
陸の植物が海へと進化

　海の植物といえば海藻ですね。沖縄の海にはアーサやモズク、ヒジキ、クビレヅタ(海ブドウ)など、食べられる海藻が何種類も生えています。もっと北の寒い海では、ワカメやコンブの仲間がたくさん育ちます。

　海藻は植物としては比較的単純な体で、花や実はつけません。それに対して、海の中でもちゃんと花を咲かせる植物があります。「海草」の仲間です。

　海草は「かいそう」と読むと海藻と区別がつかないので「うみくさ」と読みます。ところで虫のいない海の中で、花はどうやって花粉を届けるの？　と思いませんか。海草は雄花の花粉が水中を漂って雌花に受粉するのです。こうして受粉する花を「水媒花」といいます。虫に花を見つけてもらう必要がないので、海草の花はとても小さくて地味。でもちゃんと雄花と雌花があります。

　雌花が受粉すると、やがて実がなります。例えばリュウキュウスガモは、葉の根元に直径2センチほどの実をつけ、その中に種が数個入っています。実が熟すと皮がはじけて、中の種が周りの砂地に転がり、そこで根と芽を伸ばして育ちます。こうして、海の中の草原「海草藻場」ができていきます。

リュウキュウスガモの雌花はめしべが糸のよう

海草の仲間

　海草が海藻と大きく違うのは、海草は陸の植物が海で生きるように進化した仲間だということです。そして、この海草を食べに来る大型動物がいます。やはり陸の動物が海で暮らすように進化した生き物です。
　その一つはアオウミガメ。ウミガメの他の仲間は主に肉食ですが、アオウミガメは海草を食べるベジタリアンです。リュウキュウスガモのことを英語で「タートル・グラス（カメの草）」と呼ぶほどです。
　もう一つが、日本では沖縄島だけに見られるジュゴン。沖縄では海草のことを「ジャングサ（ジュゴンの草）」と呼ぶんですよ。海草は英語でもウチナーグチでも、自分を食べる動物の名前が付いてしまいました。

鹿谷 麻夕

ジュゴンが海草を食べた痕

メモ

「アマモ」は甘い？

　ちなみに人は海草を食べません。でもアマモという海草は文字通り「甘みがある」といわれています。それで、海でリュウキュウアマモの茎をちょっとかじってみましたが…海水のしょっぱさでよく分かりませんでした。今度は洗って試してみようかな。

赤いしま模様のリュウキュウアマモ。甘い？

⑯ トゲアナエビ
巣穴周り きれいに掃除

　潮が引いた海草藻場を歩いていると、砂地のあちこちに、直径1.5センチほどの円い穴が開いているのに気が付きます。近くにしゃがんで穴をのぞいてみると、穴の入り口には、赤いエビがハサミを広げてこちらを見ています。ハサミは毛むくじゃら。オレンジ色の細長い触角もゆらゆらしています。穴の主は、海草藻場に巣穴を掘って暮らすトゲアナエビです。

　穴の様子をよく見ると、どの穴も入り口の周りはきれいに掃除され、落ち葉や草がありません。きれい好きなエビなのでしょうか？

　試しにリュウキュウスガモの葉をちぎって穴のそばに置いてみます。するとすぐにエビは穴からハサミだけ出して、「どうもありがとう」といった感じで両方のハサミで葉っぱを受け取り、スルスルと後ずさりしながら穴の中に引っ張り込みました。もう一度やっても、また葉っぱを受け取ってスルスル…。今度はちょっといたずらして、葉っぱを使ったエビ釣りに挑戦。エビが両方のハサミで葉っぱを持ったところで、エビと引っ張りっこの力比べです。

　葉っぱは強く引くとちぎれるし、早く引くとエビはハサミを放してしまいます。一方のエビも、どうしても葉っぱが欲しいよ

穴の中からトゲアナエビ

トゲアナエビ

うで、穴から引きずり出されないように頑張って引っ張り続けます。

うまい具合にハサミを穴の外に引っぱり出しても、目の辺りまではなかなか出てきません。そして最後はいつも、惜しいところで葉っぱを切られて負け。ハサミを広げるエビのしぐさが「葉っぱちょうだい！」と言っているようで、何度も挑戦したくなります。

穴の周りに草が無いのは、どうやらハサミが届く範囲の葉っぱを穴の中に引っ張り込んでしまったから。エビは、葉っぱを集めて食べているのか、寝床のクッションにしているのか、穴の中の様子は分かりません。今度海に行ったら、1匹がどれほどの葉っぱを引っ張り込むか、試してみたいと思います。

鹿谷 法一

ハサミで葉っぱをつかんで引っ張る

メモ

めったに外に出ない

イノーに暮らすトゲアナエビは、マングローブの周囲に大きな泥の山を作ることで知られるオキナワアナジャコに近いアナエビの仲間です。彼らは普段は穴の中にいて、めったに外には出てきません。写真は夜中に穴の外で脱皮していた珍しい場面です。

夜中に脱皮中。右上は抜け殻

ナマコの秘密

「お掃除屋」砂をきれいに

　ナマコは不思議な生き物です。目立つ体で1日中ごろごろしています。あんまりかわいい感じはしませんね。でもナマコの体にはたくさんの秘密があるんです。

　まずナマコは棘皮動物といって、ウニやヒトデ、クモヒトデと同じグループです。この共通点は何かというと「体が五角形」という点です。ヒトデやクモヒトデは5本腕ですね。ウニはトゲの取れた殻を見ると、ちゃんと5本の筋が見えます。ではナマコは？

　実はナマコを輪切りにして考えると、体の中の作りが五角形なのです。つまり五角形が長く伸びて五角柱になり、2本の角を上に、3本の角を下向きにして寝そべっているのがナマコです。

　沖縄の浅い海に多い、黒くて長いのはニセクロナマコ。よく見ると体の一方の端から黒い小枝が何本も出ています。これはナマコの口の周りに並ぶ触手で、この触手を伸ばし、砂をつかんで食べます。でも砂自体は栄養にはなりません。このナマコは、砂に混ざった海草の枯れ葉のかけらや他の動物が出した老廃物などの有機物、言い換えれば砂の汚れの部分を消化して、砂をきれいにしてくれる、大事なお掃除屋さんなのです。ナマコのお尻から出るうんちは、きれいになった砂の塊と思えばいいかな。

ニセクロナマコの触手

いつも寝ているナマコも、たまに起き上がることがあります。それは産卵のとき。最初に雄のナマコが体を半分持ち上げて、口の上の方にある小さな穴から煙のような精子を水中に出します（放精）。するとその匂いを感じた雌が、同じように体を半分持ち上げ、やはり口の上の穴から小さな卵を吹き出すのです（放卵）。卵と精子は水中で受精して、ナマコの赤ちゃんプランクトンが誕生します。

　プランクトンのときは、親とは形が全然違います。やがて体のつくりを変え（変態）、ナマコの形になるころに、海底生活に戻るのです。

　ナマコの秘密はまだまだあるので、皆さんも探してみてね。　　　　鹿谷 麻夕

ナマコの秘密

トゲクリイロナマコの放精

メモ
四角形の種類も

　ナマコは五角形の仲間なのに、シカクナマコとはこれいかに。黒い体を輪切りでみると四角形で、それぞれの角はいぼいぼ。五つ目の角はどこへ…？これはおなか側の３本の角の真ん中の１本が目立たなくなっているんですね。つくつぐナマコって不思議です。

四角い体のシカクナマコ

⑱ ヒトデヤドリエビ
イノーの楽しい"お宿"

　サンゴ礁のイノーを泳いでいると、バレーボールほどの大きさの丸いクッション？がサンゴの岩場に転がっていることがあります。実はこれ、ヒトデの仲間のマンジュウヒトデ。名前の通り丸い体の表面には、おまんじゅうに散らされたゴマ粒のようにツブツブがたくさん付いています。でもよく見ると、うっすらとけば立っているし、色も黄色からオレンジ、茶色、ブルーから紫など、結構カラフル。色もサイズも、ビーズで飾ったクッションといったところ。英名ではクッションヒトデとも呼ばれています。

　このようにヒトデには見えない体つきですが、ひっくり返すとちゃんと五角形。胴体が太って5本の腕がと〜っても短くなったと思えばいいのでしょうか。中央から伸びる5本の筋には、管足という吸盤状の足がたくさん収められています。そして5本の筋が集まる中央には口があり、ここから胃袋を体の外に出して餌のサンゴを食べます。

　マンジュウヒトデをひっくり返して眺めていると、彼らの体の上で暮らす小さな居候に気が付きます。全長1センチほどの、ヒトデヤドリエビです。普段は魚などの敵に見つからないようヒトデの下側に隠れて

丸い体にツブツブがたくさんついて、まるでおまんじゅうのようなマンジュウヒトデ

いますが、泳いで逃げることはないので、ヒトデの表面をじっくり探せば見つかります。ほとんどのエビは雌雄ペアですんでいますが、時には3匹以上のことも。体が大きいエビをよく見ると、おなかに卵を持っていることもあります。つまり大きいのがメス。体の色は紫、茶、白、透明、霜降り、ストライプなどいろいろありますが、ヒトデの色とはあまり関係ない感じ。

何がエビの色を決めているのでしょう？またエビたちは、ここでどうやって暮らしているのでしょう？　ヒトデをかじっているのか、ヒトデの餌を横取りしているのでしょうか。だとしたら、お菓子の家にすんでいるようなもの？　そう思ったら、ヒトデの粒々がキャンディーのようにも見えてきました。

マンジュウヒトデに居候するヒトデヤドリエビ

鹿谷 法一

メモ

ヒトデの捕食シーン発見

マンジュウヒトデがサンゴを食べるのは本で読んだことがありましたが、先日初めて捕食シーンを発見。何だかつぶれたマンジュウだな〜と思いつつ、岩に張り付いていたのをひっくり返したら、口から胃袋を出してサンゴの肉を溶かして食べていました。

サンゴ（矢印部分）を食べていたマンジュウヒトデ

⑲ ケヤリムシ
海中に鮮やかな花開く

沖縄では、秋になると新北風と呼ばれる北風が吹きます。12月にもなれば平均気温が20度を下回り、さすがに肌寒いですね。海の中はどうでしょうか？

沖縄島周辺の海水温は、12月で平均23〜24度。気温よりも水温の方が暖かいんです。沖縄の真夏は暑すぎて、むしろ冬の海の方が元気そうに見える生き物もたくさんいます。

冬の海は、真夜中に潮がよく引きます。先日、満月の夜に懐中電灯を持って海を歩いたら、岩陰に赤と黄色の鮮やかな色が花開いているのを見つけました。

これはホンケヤリムシ。ケヤリムシという名は、昔の日本の大名行列で使われた、長い槍の先に鳥の羽を付けた「毛槍」に似ていることから。この生き物、見えている羽のような部分は「鰓冠」といって、水中の酸素を取り込むえらであるとともに、水中を漂う小さな餌を捕まえる役割を持っています。

鰓冠はとても美しいのですが、そーっと触れると…ぱっと一瞬で引っ込んでしまいます。後に残るのは、自分が出す分泌物と周囲の泥などを固めて作った管。実は、ケヤリムシはこの管の中にすんでいて、鰓冠

鰓冠（さいかん）を開くホンケヤリムシ

を外に出している状態です。彼らは、釣りの餌によく使われる海のミミズ、ゴカイの仲間なのです。

　石灰質の固い管を作る仲間もいます。イバラカンザシというカンザシゴカイの仲間です。彼らはハマサンゴなどの上に自分の管を作ります。やがてサンゴが成長すると、管がサンゴに埋もれていきます。鰓冠は2本に枝分かれし、色もさまざまで、まるでクリスマスツリーのよう！　しかも鰓冠の付け根にはへらのような部分があり、鰓冠を引っ込めた後にこれでフタをします。固い管では、フタがないと穴が開きっ放しだからなんですね。

　イバラカンザシが死んで穴だけが残ると、そこにはカンザシヤドカリやギンポといった小魚などがちゃんとすみ込んで、再利用されます。つくづく生き物たちのやることにはムダがないなぁといつも感心してしまいます。

成長するサンゴに埋もれて暮らすイバラカンザシ

鹿谷 麻夕

ケヤリムシ

メモ

小技を効かす

　ケヤリムシが引っ込んだ後の管は、先が少しつぶれて穴が8の字のよう。
　これ、誰かがつまんだのではありません。まん丸な穴のままだと敵が入り込みやすいので、入り口を狭くしてあるんですね。こんなところにも生き物たちの小技が効いています。

ケヤリムシの管

91

⑳ フジツボの仲間たち
固い殻で身を守る

　冬は大陸の高気圧が沖縄の近くまで移動して、冷たい北風が強くなってきます。北風が当たる西海岸の海に行くと、大きな波がうねっています。強い風に吹かれて波頭は白く泡立ち、崩れながら岸の岩やテトラポッドに襲いかかり、霧のようなしぶきとなって海沿いの道路まで飛んできます。生き物にとっては厳しい環境です。

　でも、こんな波当たりの強い場所が大好きな生き物がいます。フジツボの仲間です。彼らは固い殻で体の周囲を守り、その殻は強力な接着剤で岩の表面にしっかり張り付いているので、少々の波ではびくともしません。

　写真のクロフジツボは、富士山のような形の殻のてっぺんに、ひし形の穴がありますね。ここから毛の生えた6対の脚（蔓脚）を出します。そして、波に流されてやって来るプランクトンを待ち構え、水中で脚をワシワシと広げたり閉じたりしながら、プランクトンを集めて食べます。

　固い殻を持つフジツボ類は、実はエビやカニに近い生き物です。蔓脚はエビの脚に

岩に付くクロフジツボの集団。下側の数個は死んで、固い殻だけ

当たる部分が変化したもので、殻の中でエビがあおむけに寝て、てっぺんの穴から脚を出して餌を集めて食べている感じ…かな？エビのおなかに当たる部分は退化しているので、何とも不思議な形です。でも、フジツボの身を食べると、ちゃんとエビの味がするそうですよ。

　潮が引くと、フジツボ類は穴の中にある4枚の殻をキッチリと合わせ、体が乾燥しないようにふたをします。雨が降って急に真水になっても大丈夫。さらに、クロフジツボの殻の断面を見ると、蜂の巣のように小さな穴がたくさん開いています。たぶんこの殻には、真夏の日差しにも耐えられるよう、断熱効果があるのではないかな。

　フジツボ類はエビやカニのように歩き回ることはできませんが、厳しい環境で身を守りつつ餌をとる、特別な仕組みを発達させました。他の生き物が利用しない場所にユニークな方法で生きている、平和主義者なのかもしれませんね。

クロフジツボの殻を裏側から見たところ。固くて丈夫

　　　　　　　　　　　　　　　　鹿谷 法一

フジツボの仲間

メモ

脱皮します

　薄黄色い透明なものはフジツボ類が脱皮した殻で、固い殻の中にある身の部分の抜け殻です。細かい毛の生えた蔓脚がたくさん並んでいるのが分かるかな？　周囲の固い殻も自分で作るけれど、こちらは脱ぎません。フジツボが死ぬと、固い殻だけが岩に残ります。

フジツボ類の脱皮殻の一部。右側が頭の方

㉑ タツノオトシゴの仲間
海のウマは泳ぎ下手

お正月に水族館に行くと、干支にちなんだ生き物の展示がよく見られますね。例えば卯（ウサギ）年にはウミウサギ、辰年にはタツノオトシゴ、巳（ヘビ）年にはウミヘビ類。午（ウマ）年はウマヅラハギとともに、またタツノオトシゴが登場します。

なぜなら、沖縄でよく見られるタツノオトシゴの仲間は、その名もオオウミウマ。「大きい海の馬」です。また内湾や海草藻場、河口域などにいるのはクロウミウマ。どちらも20センチ前後になる大型種です。

彼らは魚なのに、変わった形ですね。形には意味や役割がある、と考えると、その生き物の暮らしが見えてきます。ウマのように長い顔で、一体何を食べると思いますか？ この口、実はスポイトのような働きをして、目の前に近づいた動物プランクトンを一瞬で吸い込みます。立ち姿なので泳ぎは下手。尾は泳ぐひれがなくなった代わりに、海藻や海草に隠れて流されないように巻き付ける、ロープの働きをするようになりました。

さて、オオウミウマやクロウミウマは、もともとヨウジウオ科という魚の仲間で

クロウミウマ発見！ カップでそっとすくって観察してから、海に返しました

す。この仲間の一部が、なぜか立ち上がって体の形を変化させ、こんな変わり者の魚に進化したと考えられています。

ヨウジウオの仲間でサンゴ礁の浅瀬に多いのが、イシヨウジ。ようじのように細長い体に細長い口で、やはり動物プランクトンを食べます。でも体は普通の魚と同じ向きで尾ひれもあり、結構すばしこく泳ぎます。

ところで、もし海でオオウミウマやクロウミウマを見つけたら…捕まえて飼ってみたい？ でも、彼らは生きて動くプランクトンしか食べません。環境の変化にも弱く、

小さなうちわ状の尾ひれを持ったイシヨウジ

バケツに入れて持ち運ぶ間に弱ってしまうことがあります。網ですくうと、小さなひれが傷つきやすいです。もし海で見つけても採集しないで、その場でやさしく観察するだけにしてくださいね。　　鹿谷 麻夕

メモ

イシヨウジはイクメン

　ペアで見つけたイシヨウジをよく見ると、片方の個体のおなかがふくらんでいました。ヨウジウオやタツノオトシゴの仲間は、おなかの大きい方が雄！ 雌から渡された卵を雄がおなかに抱えて育てるという、最近はやりのイクメン(育児をするお父さん)の魚です。

おなかが大きいオスのイシヨウジ

㉒ スナガニの仲間
砂浜の"掃除屋さん"

穏やかな冬の晴れ間。朝日を浴びたイノーが銀色にきらめいています。干上がった岩にはアーサの仲間が育ち始め、海の中ではゆっくりと、春の準備が進んでいるのが分かります。

何か面白い物は流れ着いていないかな〜と、砂浜に打ち上げられた海藻を眺めながら歩いていると、砂浜のあちこちに穴があるのに気が付きます。

打ち上がった流れ藻が並ぶ辺りに巣穴を掘るのは、スナガニの仲間。彼らは潮が引いた砂浜で暮らし、潮が満ちても海水に漬からないような高さに巣穴を掘っています。そして潮が満ちる前には穴に隠れ、砂を使って入り口にふたをしてしまいます。潮が引いたらまた入り口を開けて、穴の中から何度も砂を運び出しては巣穴を修理。メモの写真（右ページ下）にある巣穴の左側に、湿った砂が捨てられているのが分かりますか？

沖縄の砂浜でよく見掛けるスナガニの仲間は、ミナミスナガニ、スナガニ、そしてツノメガニです。ツノメガニの雄は、成長すると大きくて白い目の先から茶色くて長い角が伸びるので、ツノメの名前が付きました。でも、小さい時はどの種も形がよく似てい

たまに見かけるナンヨウスナガニ

スナガニの仲間

るので、名前を調べるのはちょっと難しいかも。

砂浜に暮らすスナガニの仲間は、名前の通り砂によく似た色と模様をしています。砂の上でじっとしていると、目の前にいても分からないほど。しかも脚が速く、左右に上手に逃げるので、見つけて観察するのは大変です。ちょっとかわいそうだけど、1分くらい頑張って追い掛けると、カニは疲れて動かなくなるので、ゆっくり観察できますよ。

夏の夜にライトを持って砂浜を歩いていると、光に驚いて走り去るスナガニ類がいますが、まるで影だけが走るように見える

ツノメガニの子ども

ことから、海外ではゴーストクラブ（幽霊ガニ）とも呼ばれています。何だか怖い名前ですが、彼らは、打ち上げられた生き物の死骸を食べて片付けてくれる、砂浜の掃除屋さんなのです。　　　　　　鹿谷 法一

メモ

巣穴を修理中

入り口の近くに湿った砂が捨てられた巣穴には、カニが隠れています。大きなカニなら、長さ40センチ以上の穴を掘ります。しかも、途中で枝分かれした穴を作って、入り口の向きとは違う位置に隠れていることも。砂を掘ってカニを捕まえるのは大変です。

少し色の濃い部分は、掘り出された砂

㉓ リュウキュウアオイ
干潟のハート型を探せ！

子どもたちと自然観察をするとき、ただ生き物を探すのではなく、「丸い物」「とがった物」「星型」など、何か形を決めて探してもらうことがあります。そうすると、いつもより物の形をよく見るので、思わぬ形を発見したり、いつもは見過ごすような生き物に気が付いたりします。

今度、公園や森や海辺に行ったら、そんなふうに自然の中に隠れた形を探してみてください。丸、三角、四角くらいはすぐに見つかりそう。じゃあ、ハート型は見つかるかな？

沖縄の干潟にはハート型が隠れています。とても上手に隠れているので、よーく探さないとなかなか見つかりません。探すのは、浅くて平らな岩場。表面には茶色っぽい藻が生えたりして、水深がとても浅く、ぎりぎり干上がるか干上がらないか、というくらいの場所。砂を巻き上げると水が濁って見えなくなるので、ゆっくり静かに歩きながら岩の表面に目を凝らします。

岩場に隠れるリュウキュウアオイ

…いました！二枚貝の仲間、リュウキュウアオイです。このままだと形がよく分からないので、持ち上げて裏返すと、きれいなハート型をしていますね。

二枚貝は普通、砂に潜っていることが多いのに、こんな岩の上で何をしているのでしょう？ 実は、リュウキュウアオイの貝殻は光が透けるほど薄く、その体の中には褐虫藻という植物プランクトンが共生しています。貝が太陽の光を浴びることで、この植物プランクトンが栄養を作って貝に与えてくれます。いわばサンゴと同じ生き方で、日光浴をしているのですね。

アオイという名は植物のフタバアオイから来ています。葉がハート型で、江戸時代の徳川家の紋としても有名ですね。

そしてアオイという言葉は古語で「あふ

裏返すときれいなハート型

ひ」、すなわち日の方を向くという意味なのだそうです。なんだかこの貝にもぴったりの名前だと思いませんか。　　　鹿谷 麻夕

メモ

横から見ると…

アサリなどの普通の二枚貝が横につぶれた形だとしたら、リュウキュウアオイは縦につぶれた形。横から見ると薄っぺらです。この貝に近い仲間のオオヒシガイやカワラガイと並べて、種類によって貝殻の形がどう進化していったのかを想像するのも楽しいですよ。

横向きはぺっちゃんこ

干潟に暮らすシオマネキ
大きなハサミはオス

　泥っぽい干潟を歩いていると、たくさんのカニを見かけます。中でも目立つのが、大きなハサミのシオマネキの仲間。よく見ると、甲羅が同じ模様でハサミが小さいのもいます。
　実は、シオマネキ類はオスの片方のハサミが大きく、これを振ってメスを誘い、自分の巣穴に呼び込んで交尾します。でも、オスに誘われたメスは巣の位置や大きさもチェックするらしく、なかなか巣穴に入りません。たくさんのオスが言い寄ってきても、知らんぷりして通り過ぎることも度々。夏の暑い日差しの中、甲羅の大きさほどもあるハサミを振り続けるオスは、子孫を残すために一生懸命なのです。
　なお、いろいろな種類のシオマネキが干潟にいても、オスのハサミの色や振り方はそれぞれの種で違います。そのため、別の種類のメスが間違えて寄って来ることはありません。
　さて、シオマネキの小さなハサミにも注目してみましょう。よく見ると、スプーン状をしています。この小さなハサミで泥の表面を削って口に運び、口の中で餌をえり分けて食べ、泥だけを丸めて捨てます。オスは片手で食事をしますが、メスは両手で

右上のメスを誘うベニシオマネキのオス。小さな泥粒は食べたあとの泥

ごはんです。

そしてシオマネキの仲間は種類によって好みの泥があり、水っぽく柔らかい泥が好きな種類、砂交じりの乾いた所が好きな種類など、大まかにすみ分けています。水辺が好きなヒメシオマネキはオレンジのハサミが目立ち、砂交じりの開けた場所が好きなオキナワハクセンシオマネキは細くて白いハサミが目印です。マングローブの日陰の泥場が好きなのはヤエヤマシオマネキとベニシオマネキで、特にベニシオマネキのオスのハサミは真っ赤な島唐辛子にそっくり。

近年、八重山など暖かい地域でしか見られなかったシモフリシオマネキが、沖縄島でも見られるようになりました。地球温暖化が進んで海の中も暖かくなり、今までよ

小さい方のハサミで泥をすくうオキナワハクセンシオマネキ。口には砂粒をくわえている

り北の方に分布が広がってきたようです。

身近な自然を見続けていると、ゆっくりとした地球の変化も感じることができます。

鹿谷 法一

メモ

シックでおしゃれ

南から分布を広げたシモフリシオマネキ。甲羅は横幅が1センチほどで白地に細かい茶色の点々、脚は濃い茶色にブルーのしま模様。とってもおしゃれなカニです。漫湖水鳥・湿地センターの木道から見られるので、今度会いに行ってみてくださいね。

シモフリシオマネキのオス

アーサ（ヒトエグサ）
おいしい"緑のじゅうたん"

沖縄でもさすがに寒いと感じる1〜2月。干潟では、岩の上が一面鮮やかな緑色に覆われます。アーサの季節の到来です。

アーサなどの海藻は、光の届く浅い海にしか生えません。でも夏は暑過ぎるし、海面近くの水の栄養分がとても少ないので、海藻は胞子などの目に見えない形で岩の隙間にそっと隠れています。冬に水が冷たくなると、水深の深い場所にたまった栄養分が海面近くまでよく混ざり、海藻はその栄養を使って一斉に成長するのです。

アーサ汁を食べたことがありますか？このアーサはヒトエグサという種類です。岩の上の方に生え、葉が重なって濃い緑色に見えます。よく見ると、アーサの仲間には何種類もあり、糸状やリボン状など形もさまざま。それぞれ、岩に生える場所の高さも異なります。

おいしいアーサとよく間違えるのは、アナアオサ。ヒトエグサは薄くて柔らかいのに対し、アナアオサはぱりっと硬い手触りです。実は、薄いヒトエグサは細胞が1層だけでできてい

鮮やかな緑に覆われた干潟

て、だから「一重」なんですね。アナアオサは細胞が2層で、葉を広げると所々に破れ目のような穴が開いています。

アーサ採りは冬の干潟の風物詩。でも砂を洗い落とすのがとっても大変！とよくいわれます。岩場に生えているアーサを丁寧にはがすと、付け根の1カ所だけで岩に付き、そこから扇状に葉が広がっていますね。この付け根に砂がたまるんです。そこで、採ったアーサは近くの潮だまりで葉を揺らして洗いながら、付け根の部分をちぎってしまいましょう。持ち帰ったら、大きなボウルに水をたっぷり入れて、その中でアーサをひとつまみずつ泳がせて砂を落とせば大丈夫。よく絞って冷凍保存すれば、1年中味わえますよ。

アーサはおつゆだけでなく、天ぷら、炊

下側の付け根から扇形に生えるヒトエグサ

き込みご飯、クッキーやパン生地に加えても風味があります。ぜひ、季節の味を工夫して楽しんでくださいね。　　　　鹿谷 麻夕

メモ

生き物の隠れ家

　緑のじゅうたんは小さな生き物の隠れ家。もぞもぞ動き回る甲殻類は、ヨコエビの仲間。イソアワモチの赤ちゃんもこの時期によく見られます。春が近づくにつれ、こうした生き物たちの活動が盛んになり、アーサにもかじられた跡が茶色く点々と残ります。

緑のじゅうたんを歩くイソアワモチの赤ちゃん

㉖ ルリマダラシオマネキ
派手だけど用心深い

　シオマネキの仲間を探しに、サンゴ礁の海岸にやって来ました。波打ち際まで下りると、岸辺に沿って平らな岩場（礁原）が続いています。よく見ると、岩場のくぼみや割れ目には、サンゴのかけらが交ざった砂がたまっているのが分かります。
　一見すると生き物はいなさそうですが、こんな砂利っぽい所にわざわざ巣穴を掘って暮らすシオマネキの仲間がいます。背中の模様が瑠璃色（鮮やかな青）と黒のまだらで、雄の大きなハサミは明るいオレンジ色に赤い点々模様。遠くからでもよく目立つ、ルリマダラシオマネキです。大きな雌は、脚が真っ赤でとても派手です。
　彼らは目立って敵に狙われやすいからか、シオマネキ類の中では一番用心深く、近づこうとしても遠くからこちらを見つけてすぐに穴に隠れてしまいます。巣穴のそばでじっと待っていても、なかなか顔を出しません。ゆっくりと穴の出口まで出て来たかと思うと、ちょっと外の様子をうかがって、またすぐ奥に引っ込んでしまいます。こうなったら根比べ。近くで観察するには、忍耐と、ゆっくり動く技が必要です。じっとしゃがんでいると足がしびれてくるので、楽な姿勢で待ちましょう。ゴソゴソ動くと地面の下に振動が伝わって、カニはなかな

カニが好む岩場の砂地。巣穴のそばには掘り出された砂の団子が並ぶ

か出て来ません。

　巣穴のそばで10分ぐらいじっとしていると、カニはやっと安心して出て来ます。ハサミで泥をつまんで食べたり、雌を呼んだり、巣穴から泥を運び出したり、さまざまな行動を見せてくれます。

　とっても美しいルリマダラシオマネキですが、残念ながら数がどんどん減っています。カニが巣穴を作る海岸の岩場が、あちこちで無くなってしまったのです。そしてついに、準絶滅危惧種になってしまいました。岩場を減らしている

ルリマダラシオマネキの雄

のは、サンゴ礁の埋め立てや海岸道路の新設。夏の日差しに一段と鮮やかに輝く瑠璃色の生き物を、あと何年見ることができるでしょうか。

鹿谷 法一

ルリマダラシオマネキ

白黒に見えるものも

　ルリマダラシオマネキは、全ての個体が青いわけではありません。弱い雄や小さな個体は、青い部分が白くて、白黒まだらに見えます。何だか別の種類のよう。なお、今のうちなら、那覇から近い浦添の岸辺でも、ルリマダラシオマネキを見られますよ。

左から、大きな雌、大きな雄、そして甲が白黒まだらの若い雄

海岸を散策しよう
足元の植物、実は面白い

暖かくなる春休み、もうすぐ夏を思わせるような日がやってくるでしょう。本格的な夏を前に、公園や道端のあちこちにも花が咲き誇る時季になりました。この季節は、どこに行っても生き物の楽しい姿が見られるものです。この機会に、みなさんもぜひ野外に散策に出てみましょう。

気の早い人は、もう海へ出掛けることもあるでしょう。そんな時、海岸の植物に目をやってみてはいかがでしょうか。海岸の植物も、やはり花盛りを迎えています。砂浜に足を踏み入れると、海岸一面に、いろいろな植物が生えています。当たり前に聞こえるかもしれませんが、このことは、実はなかなか面白いことなのです。

私たちの身近にある植物は、塩水に漬けると枯れてしまいますね。これは、真水よりも塩の濃度の高い海水が、植物の細胞の中にある水分を吸い出してしまうために起こる現象です。塩を振って作るお漬物や、ナメクジに塩をかけると縮んでしまうのと同じ原理です。海岸では波しぶきが小さな塩水の粒となっ

海岸の植物を観察してみては？

て、常に降り掛かっています。直接潮をかぶることは少ないかもしれませんが、普通に考えると、植物の生育には不向きな場所といえるのです。

しかし一方で、普通の植物が生えることができない海岸は、過酷な環境に適応できれば、競争相手の少ない場所で、太陽の光を独占できる場所でもあるのです。

海岸の植物の中には、以下のような仕組みを発達させて、海水から身を守るものがあります。①細胞の中に「多糖類」と呼ばれる物質を蓄えて体内の浸透圧を保つこと②植物の表面を硬くして乾燥に耐えること③体内に取り込まれてしまった塩を外に出す仕組みを持つこと――などです。

海岸には、このような特殊な能力を持った植物がたくさんあります。海辺に行く時、理屈やちょっとした知識があると、とても面白く見えてきます。皆さんも、足元の不思議に目を向けてみませんか。まだまだ新しい発見があると思います。　　佐藤

海岸の岩場に生えるイワタイゲキ

海岸の植物

メモ

大根のご先祖さま

砂浜でよく見掛けるハマダイコン。丸ごと引き抜くと小さな大根に似た根がついています。普段は、泣きそうになるほど辛みが強いのですが、花の咲いている春の時季であれば、食べられなくもないです。実は、これが大根の原種（ご先祖さま）に当たるのです。

ハマダイコン

28 浜下り
潮の引き方変わる時期

3月3日は上巳の節句。今は新暦でひな祭りをしますが、古来は厄払いをする旧暦の行事です。そして沖縄では、旧暦3月3日に浜下りをします。女性が海で身を清めるという言い伝えもあり、各地の海辺には伝統の祭祀が残されています。今では、多くの人々が海に出て、潮干狩りを楽しみます。

さて、浜下りの説明で「この日は潮の干満の差が1年で最も大きい」と言われることがありますが、これは間違い。試しに那覇の潮位を確認してみました。

干満の差が最も大きいのは、12～1月ごろの大潮の夜で、その差は2メートル30～40センチ。旧暦3月3日に当たる日の干満の差は2メートル程度で、特別に差が大きい感じはしません。では、潮の引いた海に出掛ける行事が、なぜ旧暦の3月3日なのでしょう？

1年間の潮位を眺めて気付くのは、半年ごとに潮の引き方が変化することです。秋から冬の間は、夜中の干潮の方が昼間の干

平安座島の浜下り行事
サングヮチャーではタマンのおみこし

潮よりも潮の引きが大きく、春から夏の間は昼間の干潮の方が潮の引きが大きくなります。

そして旧暦3月の初めは、ちょうど昼間に潮の引きが大きくなる、切り替わりの時期に当たっているのです。そこに節句という節目が重なり、浜下りの行事になったのかもしれません。

浜下りは楽しいですが、注意も必要です。潮の動きが大きく、干満の差が2メートルある大潮の日は、満ち始めるとあっという間に流れが速まります。サンゴ礁は、沖は浅く干上がっていても、岸の近くから先に海水が流れ込んで深くなることの多い、複雑な地形です。

潮干狩りに行くなら、お勧めのタイミングは干潮の時刻を挟んだ2時間ほど。この

浜下りで潮干狩りを楽しむ人々

時間帯ならほぼ潮の動きが止まり、安全に海で遊べます。

潮干狩りに行く前にお天気と干潮の時刻を確かめ、潮の動きに気を付けて、くれぐれも事故のないように海を楽しんでくださいね。

鹿谷 麻夕

浜下り

メモ

採集はほどほどに

楽しい潮干狩り、でも食べられるものを大きいのから小さいのまで全部採り尽くしたら乱獲です！ 親が卵を産み、それがちゃんと育つように、採集はほどほどにして。小さい生き物は海に残し、それらが大きく成長するのを見守る方がよいですね。

オキシジミの成貝と幼貝。大きくな〜れ！

自由研究 お助け隊

なぜ？　どうして？　どうなっているの？
日々の中で、そんな疑問を感じたことはありませんか。こうした「なぜ？」が自由研究のテーマになります。
　疑問に対しいろいろ予想（仮説）するのはワクワクして楽しいですよね。仮説が当たっているかを確かめるのが「研究」です。確かめ方を考えたり、調べて記録したり、まとめるには時間と忍耐が必要です。でもやり遂げて、疑問が解決するとワクワクとは違う満足感が得られます。
　テーマは身近なものにするのがオススメです。身近だと具体的な疑問を感じやすい上、何度も訪れて、確かめることができます。
　テーマが決まらない人は、身近な場所を見回して、自分なりの「なぜ？」をたくさん見付けてください。その中から夏休みの自由研究のテーマを一つ選び、研究をスタートさせましょう！
　　　　　　　　　　　　　　　　　　　　　（藤井）

🔍 何でできている？

● めあて
砂浜の砂が、実はどんな姿をしているか、何でできているのか見てみよう。

● 研究場所
県内の海辺、砂浜や干潟ならどこでも。

● 進め方
①砂浜の砂をひとすくい集めて、見比べてみよう。人工ビーチと自然のビーチ、砂浜の上の方と下の方、水の外と水の中では、砂の色や粒の大きさが違うかな。
②いろいろな場所の砂を、プラスチック容器などの入れ物に入れて真水で洗い、乾かします。
③乾いたら、虫眼鏡で砂の粒をよく観察しよう。砂の粒は実は何でできているか、砂と周りの海や陸の環境、生き物との関わりを考えてみよう。

あんな砂 こんな砂 どんな砂

● 成功のポイント
①砂を採った場所の様子を写真に撮る。
②洗って乾いた砂はフタつきの入れ物に入れて、場所と日付を書いておく。
③観察するときは平らな皿に黒や青の紙を敷いて、その上に薄く砂をまいて観察すると見やすい。台紙に透明なテープで砂を貼れば標本になる。

● ステップアップ　地層も分かる
サンゴ礁の砂は、ほとんどが生き物の骨や殻のかけらでできています。かけらが何の生き物だったのか調べると、その海に何がすんでいるのか分かります。河口の近くでは山から流れてきた石の砂も混ざるので、その場所の地層が分かります。

🔍 じっくり観察

● めあて
海辺のカニをじっくり観察し、自分なりの「なぜ」を見つけて考える。

● 研究場所　自然の砂浜や干潟など、カニが観察できる近所の海辺。

海辺のカニは何をしている？

● 進め方
　海辺でカニを見つけたら、巣穴の近くに座り、じっくりカニの動きを観察しよう。そして、なぜ、どうしてここに巣を作ったのか、周りの環境との関わりに注意しながら、自分なりの説明（仮説）を20個くらい考えよう。仮説ができたら、あとは実際に全部の仮説を確かめるだけ。途中で「当たり？」が見つかっても、必ず全部調べること。自然の中では、正しい答えは一つじゃないからね。

● 成功のポイント
　砂や岩や漂着物、餌や仲間や捕食者、潮の干満（満ち引き）や温度や天気、そして観察しているあなたを含めて、その海岸にある全てがカニにとっての「環境」です。カニを見つけたら、どんな「環境」にいるのか、気付いた周囲の情報は全部ノートに記録しておこう。

● ステップアップ　失敗、工夫も記録
　「なぜ」を調べると、新しい「なぜ」が出てきます。そしたらまた20個の仮説を考えて、順番に確かめよう。失敗や工夫など、研究の道筋を記録しておくのも自由研究の大切なポイント。ゲームと違って、誰も答えを知らないのが自由研究の面白いところです。

🔍 卵や抜け殻も証拠

身の回りの自然・生き物を調べよう

● めあて
　身近な場所の生き物のかけらを集めて、比べて、特徴を考える。
● 研究場所　家の中や近所の公園、花壇など、どこでもできます。
● 進め方
　自分の身の回りにどんな生き物いるのか、詳しく調べてみましょう。探すのは生き物そのもの、卵、巣、抜け殻、はい回った跡など、さまざまな証拠です。それらを範囲（10メートル四方）や時間（2分）など、

　ルールを決めて何カ所かで探してみます。見つけたら種類、数、大きさ、場所などを記録し、まとめます。
● 成功のポイント
①しっかり記録する。日時や時間、発見場所など、後で見直したり、比較できるよう記録する。
②同じやり方で場所を変え、結果を比べる。家の中でも場所によって見つかる生き物の数も種類も違うはずです。数カ所、場所を変えて調べてみましょう。
● ステップアップ　生き物いない所も
　生き物にはそれぞれ、好きな場所があり、いる所といない所がはっきり分かれることも珍しくありません。もし、調べた場所に生き物の証拠が見つからなければ「いない」が結果になります。その時は「なぜいないのか？」という理由を考えてみよう！

🔍 地図を作って記録

カタツムリの隠れ場所の秘密を探る

● めあて
　カタツムリは決まった隠れ家があるのか、適当に隠れているだけなのかを調べる。

● 研究場所　庭、空き地、校庭、公園など身近な場所。
● 進め方
①雨が降ったときに、カタツムリがたくさん付いている壁などを見つけます。
②カタツムリを捕まえて、殻に目立つ色のペイントマーカーで番号を付けて、元の場所に戻します。

③晴れている日に、番号を付けたカタツムリがどこに隠れているのか探し記録します。
④次の雨のとき、晴れのとき、カタツムリがいた場所を記録します。
● 成功のポイント
①他の人が邪魔しないような場所を選ぶこと。
②カタツムリがいた位置を、地図などを作ってしっかり記録すること。
③たくさんのカタツムリに番号を付けること。
● ステップアップ　仮説立て検証を
　「なぜ晴れた日にカタツムリは隠れるのか」「どんな所に隠れるのか」について、仮説を立てて考えてみる。仮説ができたら、それを検証する方法を考えて、検証する。

著者紹介

鹿谷麻夕■しかたに・まゆ
東洋大、琉球大卒。東大大学院中退。東京で生まれ育ち、サンゴ礁を学ぼうと沖縄に来る。二枚貝の生態と遺伝を研究後、しかたに自然案内を主宰し、環境教育を行う。本と音楽と野良猫が好き。

鹿谷法一■しかたに・のりかず
琉球大卒、東大大学院修了。カニ博士。広島の山の中で生まれ育ち、海に憧れて沖縄に来て以来、約30年間の沖縄暮らし。本を読むことと、パソコンとバイクが好き。野菜や花を育てるのも好き。

藤井晴彦■ふじい・はるひこ
広島県出身。琉球大卒、広島大学大学院博士課程修了。博士(理学)。末吉公園の子どもの環境教育施設「那覇市立森の家みんみん」を拠点に、身近な自然の大切さをみんなで考える活動をしている。

佐藤寛之■さとう・ひろゆき
東京都出身。琉球大理学部海洋学科卒、同大学院修了。博士(理学)。専門は爬虫類学。大学在学中から現在まで観察会や出前授業などを通して、琉球列島の自然の面白さをかみ砕いて伝えようと努力奮闘中。

おきなわ自然さんぽ

2015年5月25日　初版第1刷発行

著　者　鹿谷　麻夕　　鹿谷　法一
　　　　藤井　晴彦　　佐藤　寛之

発行者　富田　詢一

発行所　琉球新報社
　　　　〒900-8525 沖縄県那覇市天久905
　　　　TEL(098)865-5100

発　売　琉球プロジェクト

印刷所　新星出版株式会社

© 琉球新報社 2015 Printed in Japan
ISBN 978-4-89742-183-4　C0040
定価はカバーに表示してあります。
万一、落丁・乱丁の場合はお取り替えいたします。
※本書の無断使用を禁じます。

本書は琉球新報小中学生新聞「りゅうPON！」で2013年4月7日〜2014年3月30日に連載された「おきなわ自然さんぽ」に加筆・修正しまとめたものです。